计算机技术入门丛书

Introduction to Big Data

大数据导论

李昆仑 熊婷 李小玲 廖频 ◎ 编著

清華大學出版社
北京

内容简介

本书基础理论和案例分析相结合，全面介绍了大数据技术的基础知识，以提升读者对大数据的认知。全书共11章，内容包括大数据概述、大数据时代的思维变革、大数据的采集与存储、数据可视化、支撑大数据的技术、商业大数据、民生大数据、工业大数据、政务大数据、安全大数据和大数据的未来。

本书既可作为全国高等学校计算机及相关专业"大数据导论""大数据科学""大数据基础"等课程的教材，也可作为普通读者了解大数据及其相关技术的参考书。

图书在版编目(CIP)数据

大数据导论/李昆仑等编著. —北京：清华大学出版社，2022.1(2025.7重印)
(计算机技术入门丛书)
ISBN 978-7-302-58928-0

Ⅰ. ①大… Ⅱ. ①李… Ⅲ. ①数据处理－高等学校－教材 Ⅳ. ①TP274

中国版本图书馆CIP数据核字(2021)第171786号

责任编辑：陈景辉 张爱华
封面设计：刘 键
责任校对：刘玉霞
责任印制：曹婉颖

出版发行：清华大学出版社
网　　址：https：//www.tup.com.cn，https：//www.wqxuetang.com
地　　址：北京清华大学学研大厦A座　**邮　　编**：100084
社 总 机：010-83470000　**邮　　购**：010-62786544
投稿与读者服务：010-62776969，c-service@tup.tsinghua.edu.cn
质量反馈：010-62772015，zhiliang@tup.tsinghua.edu.cn
课件下载：https：//www.tup.com.cn，010-83470236
印 装 者：三河市龙大印装有限公司
经　　销：全国新华书店
开　　本：185mm×260mm　**印　张**：11.25　**字　　数**：269千字
版　　次：2022年1月第1版　**印　　次**：2025年7月第6次印刷
印　　数：5801～7000
定　　价：49.90元

产品编号：090358-02

前言

FOREWORD

随着计算机及网络技术的快速发展，人类生活正处于一个充满数据的时代，如网购、旅游、聊天、看病等一系列行为都在每时每刻产生大量的数据。大数据不仅积极影响着人们的生活、工作和学习方式，还被应用于各个领域，如商业、医疗、交通、教育、工业、政务等。因此，身处大数据时代，有必要去真正地认识与理解大数据。

随着大数据时代的到来，对人才培养也提出了新要求。目前，全国很多高校都新增了大数据相关专业，“大数据导论”也已成为计算机、软件工程、网络工程、电子商务等专业的必修课程之一，在专业应用中占有非常重要的地位。未来，大数据人才的需求也将越来越大。因此，在计算机类人才培养体系中，掌握大数据技术也变得越来越重要和迫切。

本书主要内容

本书从系统的角度出发，全面介绍了大数据的基础知识，以及大数据在各个领域的应用，共分11章。

第1章主要介绍大数据时代的背景，大数据的概念、特征，以及发展大数据的意义。

第2章主要阐述大数据时代的思维变革，包括大数据及其本质、大数据与认识论，以及大数据时代的三大转变，最后介绍在大数据时代，数据将成为一种竞争优势。

第3章主要介绍大数据的分类、大数据环境下的数据来源、常用的数据采集方法，以及大数据时代的存储管理系统。

第4章主要介绍数据可视化的概念、数据可视化的发展历程和分类、数据可视化图表，以及数据可视化工具，最后介绍实时可视化。

第5章主要介绍支撑大数据的相关技术，包括开源技术的商业支援、大数据的技术架构、大数据处理平台，以及云计算。

第6章主要介绍大数据在商业领域的具体应用，包括基于大数据的精准营销、决策支持和创新模式。

第7章主要介绍大数据在民生领域的具体应用，包括大数据环境下的智慧医疗、智能交通、智慧旅游、智能物流、食品安全以及教育大数据。

第8章介绍什么是工业大数据以及大数据在工业领域的具体应用，包括智能装备、智慧工厂和智能服务。

第9章主要介绍政务大数据以及大数据在政务领域的具体应用，包括基于大数据的网络舆情分析、基于政务大数据的精细化管理和服务，以及大数据下的应急预案处理。

第10章主要介绍大数据在安全领域的具体应用，包括依托大数据的网络信息安全和基于大数据的自然灾害预警。

第 11 章主要介绍大数据的未来。随着数据市场的兴起，未来应更注重将原创数据变成增值数据，以及注重消费者的隐私保护。

本书特色

(1) 本书作为大数据技术的基础教材，内容全面、概念清晰、重点突出。

本书既介绍了大数据的基础知识，又阐述了大数据在各个领域的具体应用。希望读者通过阅读本书，能够快速地了解大数据的核心技术和发展趋势，并在未来的学习和工作中运用系统化的大数据思维为所遇到的问题提供解决思路和方案。

(2) 理论与实际应用案例相结合。

本书每章均以实际生活中的大数据应用案例导入的形式讲述理论知识，激发读者的学习兴趣和热情，旨在帮助读者学习如何从海量数据中获取、存储和挖掘有价值的数据，并把理论知识应用到实际中，真正地认识、理解与掌握大数据技术。

(3) 课堂学习与课后练习相结合。

结合课堂教学方法改革的要求，本书设计了知识巩固与技能训练，每章教学内容都有针对性地安排了相应的练习题，实现学练结合。

配套资源

为便于教与学，本书配有题库、教学课件、教学大纲、教学进度表、教学周历、教案、考试试卷及答案，读者可以扫描本书封底的作业系统二维码下载。

读者对象

本书既可作为全国高等学校计算机及相关专业“大数据导论”“大数据科学”“大数据基础”等课程的教材，也可作为普通读者了解大数据及其相关技术的参考书。

本书在编写过程中，得到南昌大学科学技术学院及南昌大学共青学院各部门领导和清华大学出版社的大力支持，在此我们全体编写人员对这些单位的领导和同事表示衷心的感谢！限于个人水平和时间仓促，书中难免存在疏漏之处，欢迎读者批评指正。

作　者

2022 年 1 月

目录

CONTENTS

第1章 大数据概述

导读案例

大数据助力新冠肺炎疫情防控

2019 年年底，新冠肺炎疫情在湖北武汉暴发，并迅速向全国蔓延。疫情来势汹汹，党中央、各级政府和全国人民共克时艰，到 2020 年 3 月底，这场倾举国之力的疫情防控"战役"终于初见成效。而在这个过程中，大数据、云计算、人工智能等快速发展的新一代信息通信技术，与疫情期间国家治理的方方面面深度融合，成为科技抗疫的先锋。大数据作为信息科技的基础，在疫情追踪、溯源与预警、辅助医疗救治、助力资源合理配置及辅助决策中得到广泛应用，全面配合"智慧抗疫"。大数据技术具体的应用场景主要体现在以下三个方面。

(1) 应用场景一：建立人口流动数据系统。

这场波及全国的肺炎疫情发生后，为了及时开展防控工作，各省立即采用大数据技术建立起人口流动数据系统。例如，众云大数据平台、百度大脑等大数据产品应运而生，依托于医院及疫情防控中心等权威机构共享的数据，通过监控指定区域的用户频繁搜索的关键词信息，检测出某地区已经出现各种不明原因的未知疾病，再与数据库中已有资料进行对比分析，尝试找出可能病源。只有这样才能对潜在疫情的发展进行及时有效的动态监测，并且为实时预警和精准防控提供全面、系统、高效、便捷的技术判断基础，也有利于相关部门、各级地方政府及时做好疫情预警与防控工作。

(2) 应用场景二：追踪疫情最新进展。

大数据技术除了可以提供研判预警之外，在筛查、追踪传染源、阻断疫情传播路径等方面，发挥了积极的作用。在疫情暴发之后，数家科技互联网公司陆续通过数据和技术能力，给全社会提供了大量数据支撑。以 12306 票务平台为例，它利用实名制售票的大数据优势，及时配合地方政府及各级防控机构，提供确诊患者车上密切接触者信息。如果出现确诊或疑似旅客，会调取旅客相关信息，包括车次、车厢等，然后提供给相关防疫部门进行后续处理。此外，利用大数据分析还可以看到人群迁徙图，具体到途经哪些城市。例如，百度地图推出迁徙地图，描绘出了全国春运人员迁徙热力图，包含来源地、目的地、迁徙规模指数、迁徙规模趋势等。通过大数据应用平台，可以时刻掌握各个省(市)的入省(市)人数、疫区人数和体温异常者情况等统计分析数据。

(3) 应用场景三：共享公共信息平台。

在重大疫情面前，安抚民心破除虚假疫情消息是一项必须要做的工作。想象一下，民众如果得不到有效的对称性信息，就会引起误判和恐慌。为了让全国人民第一时间了解最新的疫情信息及防控进展，如人民日报社、新华社等主流媒体，以及百度、字节跳动等科技企业，均依托大数据技术，通过网站、App 等渠道，以疫情地图、疫情趋势、国内国外疫情情况对比等形式，实时播报肺炎疫情动态，只要点击系统界面地图中的某个省份，就可以显示此省确诊、疑似、死亡、新增及累计数据详情，甚至能精确到每个小区。这样，不仅为疫情防控阻击战提供了数据支撑，也充分保障了海内外公众知情权，对于增强科学防控知识、提高科学防控意识具有积极作用。另外，疫情期间像“白酒杀病毒”“三黄连口服液治肺炎”“自制口罩”等谣言层出不穷，因此加快公共信息平台的建设、开放与共享，显得尤为重要。疫情防控公共信息平台如图 1-1 所示。

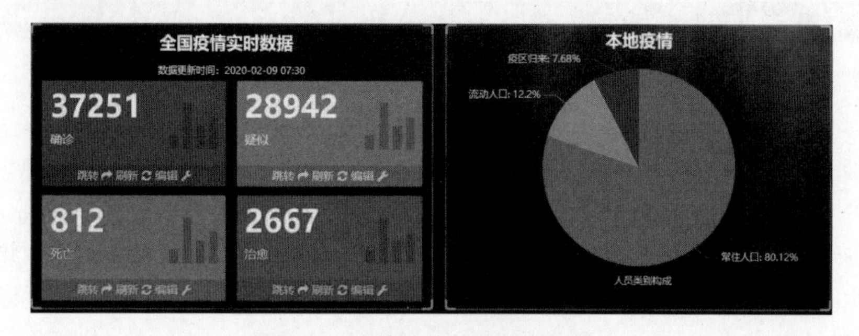

图 1-1 疫情防控公共信息平台

通过这次疫情可以看到大数据技术在防控和预警中的强大能力。与此同时，大数据技术的应用还有待新的突破和发展。因此，在未来，大数据技术将走得更远。

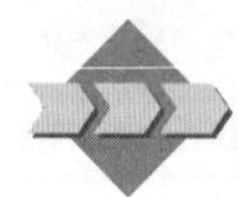

1.1 大数据时代

近年来，伴随着云计算、大数据、物联网(IoT)、人工智能等信息技术的快速发展和传统产业数字化的转型，数据量呈现几何级增长。到 2020 年年底，全球数据规模达 40ZB。如果你对这些数字仍然感到难以把控，接下来一组名为“互联网上一天”的数据可以清晰地告诉你，一天之内，互联网产生的全部内容可以刻满 1.68 亿张 DVD；发出的邮件有 2940 亿封之多(相当于美国两年的纸质信件数量)；发出的社区帖子达 200 万个(相当于《时代》杂志 770 年的文字量)，人类计量数据量的单位也从 TB 级别上升到 PB、EB 乃至 ZB 级别。毫无疑问，大数据时代已经来临。

从 2006 年到 2021 年，大数据在 IT 行业、医疗、民生、金融、学术等多个领域中炙手可热，行业领导人也对其保持高度的重视，关注其能够带来的科学价值和社会价值。第三次科学技术革命的蓬勃发展，为大数据时代的到来奠定了良好基础。互联网的普及、信息技术的发展、云计算的成熟、遍布的智能终端等，每时每刻都在记录着人类产生的“数据足迹”，每个人都在毫无意识地成为数据的提供者。如今的数据已经不单单是信息技术及科学研究领域人员的专有名词，冠有量词属性的“大数据”早已成为一种引人注目的新思潮，成为人们认识事物、分析事物、探索新发现及追求创新的新范畴。

1.1.1 互联网与大数据

随着互联网技术的不断普及、数据量化的节奏不断加快，互联网所催生的巨量数据使得世间万物不断走向数据化，由“万事皆数”向“万物皆数”过渡，互联网每天所产生的数据对大数据时代的来临有着关键性作用。

1. 互联网的产生

互联网始于1969年美国的阿帕网，发明最初是为了军事需要。1969年，美军在阿帕网制定的协定下，首先用于军事，后将加利福尼亚大学洛杉矶分校、斯坦福大学研究学院、加利福尼亚大学和犹他大学的四台主要的计算机连接起来。这个协定由剑桥大学的BBN和MA执行，在1969年12月开始联机执行。随着计算机在军事上的广泛运用，计算机上保存的军事机密越来越多，其安全性就显得尤为重要，军事家们担心如果计算机上的重要军事机密数据泄露，将会导致整个战争的失败。因此，急需通过某种渠道促使两台计算机，或是多台计算机之间进行数据的传递和备份，这也促进了早期互联网的形成。20世纪70年代至20世纪80年代，人们对各类远程信息的接收，大多是依靠收音机或电视这样的渠道。在这种“信号塔”与“接收”的模式中，接收者是被动的，而且发送信息方也对所传输的信息质量、受众数量、受众偏好等信息数据没有一个完全的记录。互联网的诞生，使人类进行信息交流的方式发生了质的变化。经济的高速发展、电子产品更新换代进程的加快，使得互联网与大众的基础规模日益扩大。人类也越来越习惯通过互联网接收和传输信息数据。与传统的信息接收和传输模式相比，互联网模式只有当用户利用互联网进行访问、服务站在接收到请求后，才会立即在万千信息中寻找到用户所需求的信息内容进行回馈。在这个过程中，用户客户端早已记录下了用户的访问记录数据量、内容、停留的时间等多种信息数据。尽管用户会删除这些数据，但数据后台已将这些记录保存下来，这些留下来的海量信息数据背后蕴含着难以估算的巨大价值。

2. 互联网催生大数据

从1969年互联网诞生到2021年，互联网技术已逐渐发展成熟。世界经济技术的高速发展，使互联网的普及率也日益扩大。中国互联网络信息中心（CNNIC）发布的第47次《中国互联网络发展状况统计报告》显示，截至2020年12月，我国网民规模已达9.89亿。较2020年3月增长8540万，互联网普及率达70.4%。如果按照这个增长速度，到2021年年底，中国网民规模将突破10亿大关。移动互联网塑造的社会生活形态进一步加强，“互联网+”行动计划推动政企服务多元化、移动化发展。

互联网的迅猛发展和快速普及，使得大量的数据信息在采集、存储、传输、处理、管理等方面越来越便捷。同时，互联网的发展也使得其所产生的数据类型变得复杂多样，由最初的结构化数据发展到非结构化数据、半结构化数据等。就大数据而言，在互联网上一天，都会潜在地拥有众多数据的“产生者”和“发送者”，这些“产生者”和“发送者”每时每刻都贡献出各种各样、难以计量的数据。这些数据可以是结构化数据，如数字、符号，也可以是非结构化数据，如文本、图像、声音、影视、超媒体等。这些接连不断出现的数据，催生大数据浪潮的来临。

据 IDC(互联网数据中心)发布的报告《数据时代 2025》显示,全球每年产生的数据将从 2018 年的 33ZB 增长到 175ZB,相当于每天产生 491EB 的数据。那么 175ZB 的数据到底有多大呢?1ZB 相当于 10^{12}GB。如果把 175ZB 全部存在 DVD 中,那么 DVD 叠加起来的高度将是地球和月球距离的 23 倍(月地最近距离约 393 000km),或者绕地球 222 圈(一圈约为 40 000km)。目前美国的平均网速为 25Mb/s,一个人要下载完这 175ZB 的数据,需要 18 亿年。

随着智能手机与可穿戴设备的普及,每个人时刻都在产生大量的数据,人们已经完全成为数字化的个体。据 IDC 预测,2025 年,全世界每个联网的人每天平均有 4909 次数据互动,是 2015 年的 8 倍多,相当于每 18s 产生 1 次数据互动。

2021 年全球每天收发电子邮件约 3200 亿封,而预计到 2022 年年底,将达到 3300 亿封。据 Radicati Group 估计,2021 年全球电子邮件用户数量将达到 40 亿人,即全球超过一半的人口在使用电子邮件。

互联网时代,搜索引擎已经成为人们寻找日常解决方案的重要渠道。有事没事搜一下,已经成为工作与生活的常态。特别是智能手机的普及,让人们随时随地都可能搜索数据。据 Smart Insight 估计,Google 公司(以下简称谷歌)每天就有 69 亿次搜索,相当于每秒处理 8 万多次搜索。而在 2000 年,谷歌一年的搜索量才 140 亿次。

智能手机让人们的社交生活彻底数字化,每天在社交网络上花费的时间越来越多,产生的数据量也相应地不断增长。据 Facebook 统计,Facebook 每天产生 4PB 的数据,包含 100 亿条消息,以及 3.5 亿张照片和 1 亿小时的视频浏览。此外,在 Instagram 上,用户每天要分享 9500 万张照片;Twitter 用户每天要发送 5 亿条信息。手机中常用的社交软件如图 1-2 所示。

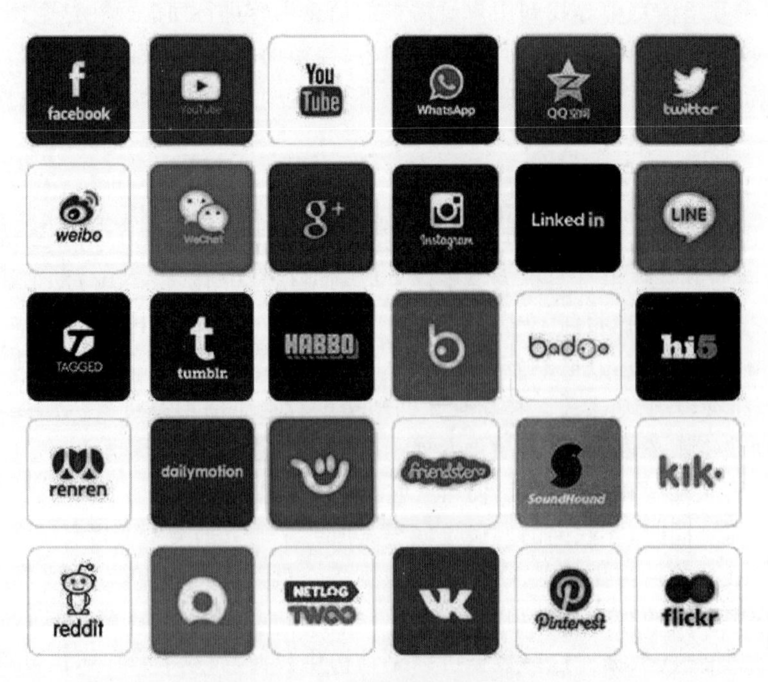

图 1-2 手机中常用的社交软件

1.1.2 信息技术与大数据

信息技术指人们获取信息、传递信息、存储信息、处理信息、显示信息、分配信息的相关技术。它包括现代通信技术、电子计算机技术、微电子技术等。在信息技术中,信息的收集能力、存储能力、对信息数据的处理分析能力以及信息之间的远程传输能力是最为关键的。如果把人类历史上信息技术发展的五次技术革命看成是世界不断数字化的过程,就会发现一条信息技术进步与大数据时代来临的逻辑线。大数据时代的到来给计算机信息处理技术带来了非常大的冲击,同时,大数据也是信息化社会的一个重要特征。下面从几个方面具体介绍信息技术与大数据的关系。

1. 信息采集技术

获得信息是人认识世界的基础。人类从客观世界获得的信息越多、内容越丰富,人类对客观世界的认识也越深刻,对客观世界的理解及对人类本身的发展也越有利。传统数据采集技术来源单一,且存储、管理和分析数据量也相对较小,大多采用关系数据库和并行数据中心即可处理。在大数据时代下,如何从数据量极大、增长速度极快、数据类型极复杂、实用性极高的数据中采集出使用者所需要的信息,成为传统的数据采集技术的难题。2006 年后出现的数据采集技术使得这一难题得到攻克。这些技术包括 Hadoop 的 Chukwa、Cloudera 的 Flume、Facebook 的 Scribe 等信息采集工具,这些技术能有效地满足每秒数百兆字节的日志数据采集和传输需求,为大数据的数据信息采集构建了快速发展的平台。

2. 信息存储技术

传统的信息存储一般分为在线存储和离线存储,其数据量小、数据结构单一,一般的存储技术就能够解决信息存储问题。传统的存储技术存在着存储成本较高、管理不便的特点。在大数据时代下,数据规模日益激增,数据结构也变得复杂,行业数据存储还伴随着需要良好的响应速率的问题。传统的信息存储技术已不再适应,对更高一级的信息存储技术的需求问题亟待解决。随着数据的爆发性增长,其所衍生出的独特架构推动存储技术的发展。在容量问题上,海量的数据存储需要存储系统的相对应扩展,传统的 NAS(网络附属存储)系统遇到了瓶颈,而基于对象的存储架构就能够很好地解决这一问题;在延迟问题上,Scale-out 架构的存储系统的发展解决了大数据"实时性"的问题;在存储成本上,重复删除等技术已进入主存储市场,而且还可以处理更多的数据类型。事实上,近几年来,存储的成本一直呈现下降的趋势。

3. 信息处理技术

20 世纪 60 年代开始的第五次信息技术革命,标志着人类信息科技史上首次实现了计算机的普及应用以及首次实现了计算机与现代化通信技术的有机结合。与此同时,随着电子通信技术的快速发展,社会事务管理、军事应用以及科学研究亟须能够处理大规模的数据、数学计算问题的设备及技术。在 IT 行业领域有一个著名的经验总结,即摩尔定律:同样面积的集成电路上可容纳的晶体管数目,每隔 12 个月将会翻一番,性能也将提升一倍。该定律被广泛地应用到网络、存储等多个领域。作为 Intel 公司的创始人之一的摩尔先生,在 1965 年发现了该定律。摩尔定律使得 IT 领域至此有了一个衡量技术进步的考核指标。后来人们发现它不仅适用于对存储器芯片的描述,也可以用来说明计算能力和磁盘存储容量,因此,摩尔定律成为许多工业对性能预测的基础。

1981—2021年,信息产业产品不断推陈出新,计算机新产品的周期大大缩减。从整个产业界至个人都不断吐故纳新,更新自有计算机设备,从而推动信息产业的巨大进步。以计算机行业而言,从2008年到2010年年初,两年的时间里,该行业沿着摩尔定律在内存容量、网络速度、存储介质、CPU性能等方面得到了大幅度的提高,实现了计算能力的重大突破,成为处理大数据信息的触发力量。

计算机行业的快速发展也促使各类组织在计算机方面支出费用的不断增加,但各行业对计算机支出费用的增加从侧面反映了一个共同的特点,即目前各行业都非常注重开发或引进更多先进的信息管理技术和数据分析软件,期望更多的先进处理技术应用在大数据方面,进行数据管理和分析解决方案,以及决策的处理技术等。

4. 信息传输技术

信息传输从古代的邮驿传递制度、鸿雁传书到近代的电报、电话,直至1977年世界上第一条光纤通信系统在美国芝加哥市投入商用(速率为45Mb/s),自此,拉开了信息传输能力大幅跃升的序幕。有人甚至将光纤传输带宽的增长规律称为超摩尔定律。信息传输能力进入快车道,带动了大数据进入高速发展时期。

各国政府相继推出宽带战略,以促进信息数据的快速传输。截至2020年12月,我国IPv4地址数量为38 923万个,较2019年年底增长0.4%;IPv6地址数量为57 634块/32,较2019年年底增长13.3%。我国国际出口带宽为11 511 397Mb/s,较2019年年底增长30.4%。

到2021年年初,我国基本建成覆盖城乡、服务便捷、高速畅通、技术先进的宽带网络基础设施。三家基础电信企业的固定互联网宽带接入用户总数达4.84亿户,其中,100Mb/s及以上接入速率的固定互联网宽带接入用户总数达4.35亿,家庭普及率达70%,光纤网络覆盖城市家庭。截至2021年2月底,三家基础电信企业的移动电话用户总数达15.92亿,其中4G用户规模为12.73亿,在移动电话用户总数中占80%,5G手机终端连接数达2.6亿。目前,全球5G网络部署进入快车道,5G用户将呈爆发式增长。

1.1.3 云计算与大数据

数据的规模大小是一个不断变化的指标,计算单位经历了从PB到EB、从EB到ZB的数据规模,甚至在以后的发展过程中会超越ZB。在单一数据集中,传统的处理软件工具可以在合理的时间里进行访问、管理。在数据存储方面,大多是以零散的方式保存在个人的计算机或便携式存储设备中,企业将自己的数据保存在数据服务器。传统的存储方式存在分布离散、存储容量非常有限、携带不便、共享性较差的特点。随着数据规模的不断扩大,现有的数据存储和访问方式已难以满足客户的需要。云计算的出现使这一系列的问题有了一个很好的解决途径。

云计算(Cloud Computing)是一种基于互联网的计算方式,通过这种方式,共享的软硬件资源和信息可以按需求提供给计算机和其他设备,如图1-3所示。云是网络、互联网的一种比喻说法。过去往往用云来表示电信网,后来也用来表示互联网和底层基础设施的抽象。云计算为用户提供了跨地域、高可靠、按需付费、所见即所得、快速部署等能力,这些都是长期以来IT行业所追寻的。

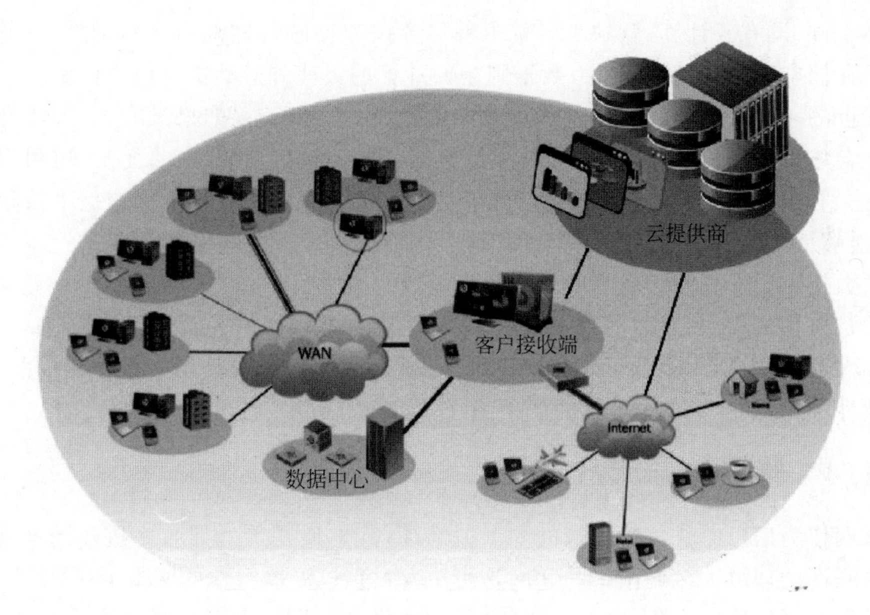

图 1-3　云计算

云计算按照服务的组织、交付方式的不同，有公有云、私有云、混合云之分。公有云向所有人提供服务，私有云往往只针对特定客户群提供服务，目前也有部分企业整合了内部私有云和公有云，统一交付云服务，这就是混合云。

云计算，尤其是公有云计算，可以通过互联网由众多的用户共享，简单来说就是通过互联网的形式建立一个简单快捷的数据"存储中心"，这个中心也就是按照云的概念来进行定义的，将其称为"云端"。在用户需要运用数据或者对数据进行计算时，可以通过网络浏览器或专业的访问应用程序进行访问。通过这种方式，就可以很便捷、省力地实现软硬件和信息共享给需要的计算机或其他设备。此外，海量的数据需要足够的空间来容纳它。价格低廉、速度快捷、安全、绿色的数据中心成为发展大数据的关键。数据中心成为新时期的信息工厂、知识经济的基础设施。从海量的数据中提取有价值的信息，进行数据分析，将影响政府、金融、零售、娱乐、媒体等各大领域，并将带来革命性的变化。云计算为大数据提供了可以弹性扩展、相对便宜的存储空间和计算资源，使得中小企业也可以像亚马逊一样通过云计算来完成大数据分析。近些年，有很多大型的科技公司正在致力于这一方面的构建，这些企业不惜通过支付高昂的费用，倾其人力、物力来进行数据的收集、存储，通过提供基于"云"的服务，积累大量的数据，成为实际上的"数据中心"。"数据"是这些大型网站最为核心的资产。

从云计算概念的提出到云计算技术、云计算基地的建设，国内外云计算的服务已经发展到成熟的地步。从国内来看，我国近些年对于云计算的基地建设正如火如荼地进行。国内金融机构、通信网络运营商、互联网机构以及各级政府机构大多都拥有了自己的数据中心，甚至有的金融机构已实现了在全国范围内进行数据的采集、存储等。云计算基地的建设，为数据的储备空间和访问奠定了良好的基础，可以说为大数据的发展壮大搭建了更大的平台。如果说大数据是一个具有无限潜力的"演员"，其发展需要不断壮大的舞台，那么云计算便可以说是能够满足其发展需求和拓展大数据前景的舞台。可以说，云计算是大数据诞生的前提和必要条件，没有云计算，就缺少了集中采集数据和存储数据的商业基础，云计算为大数据提供了存储空间和访问渠道；大数据则是云计算的灵魂和必然的升级方向。

在最近的一份关于大数据的发展报告中有这样一个观点：如果没有云计算，那么大数据的发展会华而不实。云计算，从其本质上来看，是一场 IT 领域内的变革，也可以说是一种 IT 理念、技术架构和标准，以其为基础的信息数据存储、分享和数据挖掘手段以及虚拟化软件，能够使大数据的分析和预测更加科学、精准，云计算在其发展计算的过程中也会产生大量的数据。云计算与大数据的结合将可能成为人类认识事物的新的工具。过去人类首先认识的是事物的表面，通过因果关系由表及里，由对个体认识进而找到共性规律。现在将云计算和大数据结合，人们就可以利用高效、低成本的计算资源分析海量数据的相关性，快速找到共性规律，加速人们对于客观世界有关规律的认识。

1.1.4 物联网与大数据

物联网作为信息时代信息领域的一个关键词，其本质是传感器技术进步的产物。多数人对于物联网的理解大多局限于物联网是烤箱、冰箱、恒温器组建的网络，但事实上，这些家电也只是物联网的冰山一角。到 2021 年，近 280 亿个物联网和联网设备在全球被部署，包括人们想不到的压缩机、传送带、内燃机车和医疗成像扫描仪等。物联网每分钟可以产生非常多的数据。作为物联网表现形式之一的嵌入式传感器，使用它可以在这些机器和设备中利用物联网来传输度量为振动、温度、湿度、风速、位置、燃料消耗、辐射水平等的数据。此外，还可以通过传感器监测大气中的温度、压强、风力，监测交通工具的使用状态及矿井的安全等。

据 Intel 公司统计，一辆联网的自动驾驶汽车每运行 8h 将产生 4TB 的数据，这主要来源于自动驾驶汽车拥有的数百个车载传感器，仅摄像头就能每秒产生 20～40MB 数据，而激光雷达每秒将产生 10～70MB 数据。

Strategy Analytics 的最新研究报告《互联世界：智能家居是未来物联网成长的关键》指出，物联网继续快速扩张，智能家居将可能成为物联网和联网设备部署增长的主要驱动力，连接数将会达到 500 亿，未来将成为物联网进一步发展的关键。

据 HIS 的数据预测，到 2025 年，全球物联网连接设备的总安装量约是 2015 年的 5 倍，预计将达到 754.4 亿。无处不在的物联网设备正在将世界变成一个“数字地球”。

1.2 大数据的概念

通过对大量文献资料追踪溯源，发现“大数据”这个词最早出现在 1980 年的美国，著名的未来学家托夫勒在其所著的《第三次浪潮》中，将大数据热情地称颂为“第三次浪潮的华彩乐章”。在 2008 年 9 月，《自然》杂志推出了名为“大数据”的封面专栏。从 2009 年开始，“大数据”才成为互联网技术行业中的热门词汇，被世人推崇和讨论。目前，尽管大数据的发展已有几十年的时间，但仍没有一个统一、完整、科学的定义。

1.2.1 狭义的大数据

所谓大数据，狭义上可以定义为：用现有的一般技术难以管理的大量数据的集合。早期，很多研究机构和学者对大数据进行定义时一般将其作为一种辅助工具或从其体量特征来进行定义。比如，高德纳(Gartner)咨询管理公司数据分析师 Merv Adrian 认为，大数据是一种在正常的时间和空间范围内，常规的软件工具难以计算、提出相关数据分析的能力。

作为大数据研究讨论先驱者的咨询公司麦肯锡，2011 年在其大数据的研究报告 *BigData：The next frontier for innovation，competition and productivity* 中根据大数据的数据规模来对其诠释，其给出的定义是：大数据指的是规模已经超出了传统的数据库软件工具收集、存储、管理和分析能力的数据集。需要指出的是，麦肯锡在其报告中同时强调，大数据并不能理解为超过某一个特定的数字，或超过某一个特定的数据容量就是大数据，大数据随着技术的不断进步，其数据集容量也会不断地增长，行业的不同也会使大数据的定义有所不同。

电子商务行业的巨人亚马逊的专业大数据专家 John Rauser 对大数据的定义：大数据指的是超过了一台计算机的设备、软件等处理能力的数据规模、资料信息海量的数据集。

总的来说，对大数据的狭义理解，研究者大多从微观的视角出发，将大数据理解为当前的技术环境难以处理的一种数据集；而从宏观方面进行定义，目前还没有提出一种可量化的内涵理解，但多数都提出了对于大数据的宏观理解概念，需要保持着其在不同行业领域是不断更新的、可持续发展的观念。

1.2.2　广义的大数据

广义的大数据定义，主要是以对大数据进行分析管理、挖掘数据背后所蕴含的巨大价值为视角，给出的大数据的概念。比如，维基百科对大数据给出的定义是：巨量数据，或称为大数据、大资料，指的是所涉及的数据量规模巨大到无法通过当前的技术软件和工具在一定的时间内进行截取、管理、处理，并整理成为需求者所需要的信息进行决策。

被誉为“大数据时代的预言家”的维克托·迈尔·舍恩伯格、肯尼思·库克耶在其专著《大数据时代：生活、工作与思维的大变革》中对大数据的定义为：大数据是人们获得新的认知、创造新的价值的源泉；大数据还是改变市场、组织机构，以及政府与公民关系的方法。他还认为大数据是人们在大规模数据的基础上可以做到的事情，而这些事情在小规模的数据基础上是无法完成的。

IBM 对于大数据的定义则是从大数据的特征进行诠释的，它认为大数据具有 3V 特征，即数据量(Volume)、种类(Variety)和速度(Velocity)，故大数据是指具有容量难以估计、种类难以计数且增长速度非常快的数据。

IDC 则在 IBM 的基础上，根据自己的研究，将 3V 发展为 4V，其认为大数据具有四方面的特征：数据量大(Volume)、数据种类多(Variety)、数据速度快(Velocity)、数据价值密度低(Value)。所以 IDC 对大数据的定义为：大数据指的是具有规模海量、类型多样、体系纷繁复杂并且需要超出典型的数据库软件进行管理且能够给使用者带来巨大价值的数据集。

通过对大数据的定义进行梳理可以发现，人多研究机构和学者对大数据的定义普遍是从数据的规模量，以及对于数据的处理方式来进行的，且其对大数据的定义也多是从自身的研究视角出发，因此对于大数据的定义可谓是“仁者见仁，智者见智”。

本书在参照了学术领域及各个研究机构和行业的基础上，将大数据定义为：大数据是指在信息爆炸时代所产生的巨量数据或海量数据,并由此引发的一系列技术及认知观念的变革。它不仅是一种数据分析、管理以及处理方式,也是一种知识发现的逻辑,通过将事物量化成数据,对事物进行数据化研究分析。大数据的客观性、可靠性既是一种认识事物的新途径,又是一种创新发现的新方法。

1.3 大数据的特征

要确保数据的可用性,就要分析大数据的数据特征。当前,从 IDC 的 4V 特征四个方面来理解,大数据的特征表现为数据量大(数据存储量大和增量大)、数据种类多(数据来源多,数据格式多)、数据速度快以及数据价值密度低,因此,只有具备这些特征的数据才是大数据。大数据的 4V 特征如图 1-4 所示。

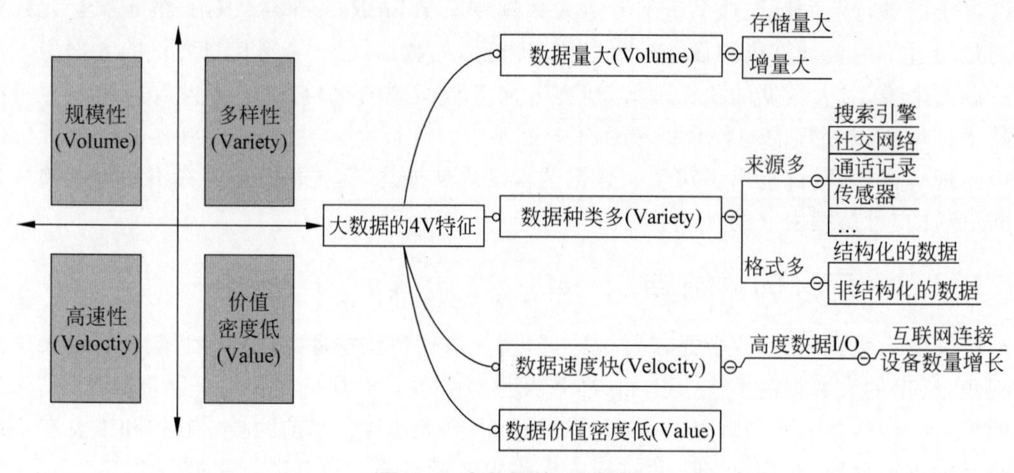

图 1-4 大数据的 4V 特征

1.3.1 数据量大

数据量大即大量化、规模性。衡量数据的单位已从 MB 转向 TB 及 PB,甚至逐渐地转向 ZB,今后会达到更高的级别。人类社会的数据规模正在不断地刷新一个又一个的级别。以下是数据大小的表示方式。

1B(Byte,字节)=8b(bit,位)
1KB (Kilobyte,千字节)=1024B
1MB (Megabyte,兆字节)=1024KB
1GB (Gigabyte,千兆字节,吉字节)=1024MB
1TB (Trillionbyte,万亿字节,太字节)=1024GB
1PB(Petabyte,千万亿字节,拍字节)=1024TB
1EB(Exabyte,百亿亿字节,艾字节)=1024PB
1ZB (Zettabyte,十万亿亿字节,泽字节)=1024EB
1YB (Yottabyte,一亿亿亿字节,尧字节)=1024ZB

数据量巨大是大数据的基本属性。互联网、物联网、社交网络、科学研究等源源不断产生的数据使得数据的规模呈现爆炸式的增长。据统计，自 2012 年至今，每年的数据总量年增长率均在 50%左右。以文字为主的形式正在逐渐被视频影音取代，这也是促成数据量快速增长的一大原因。2012 年 12 月，IDC 发布了一份名为数据宇宙的研究报告——《2020 年的数字宇宙：大数据、更大的数字阴影以及远东地区实现最快增长》。该报告是对一年内全世界所产生的数据进行度量统计，统计的数据包括图像、科学研究、金融数据等。根据报告显示，2007 年全球数据量为 0.49ZB，2010 年为 1.3ZB，人类开始进入 ZB 时代。而目前的统计数据显示，到 2020 年年底，全球数据规模已达 40ZB，数字宇宙的规模将以每年大约 350 倍的量增长。

目前，随着云计算、大数据、物联网等技术产业的快速发展，数据量的增长速率正在不断加快，数据中心承载的压力也越来越大。

1.3.2 数据种类多

数据类型多样、复杂多变是大数据的一个重要特性。多样性也正是大数据的价值所在。多样化的数据类型和数据来源为分析数据间的相关性、挖掘数据间的价值提供了可能。随着物联网、智能终端以及移动互联网的飞速发展，各类组织中的数据也变得更加复杂，因为它不仅包含传统的关系型数据，还包含来自网页、互联网日志文件(包括点击流数据)、搜索索引、社交媒体论坛、电子邮件、文档、主动和被动系统的传感器数据等原始、半结构化和非结构化数据。

数据格式的多样化与数据来源的多元化为人类处理这些数据带来了极大的不便。大数据时代所引领的数据处理技术，不仅为挖掘这些数据背后的巨大价值提供了方法，也为处理不同来源、不同格式的多元化数据提供了可能。

以往的数据量尽管巨大，但大多以结构化数据为主。这种数据一般运用关系数据库作为工具，通过计算机软件和设备很容易进行处理。结构化数据是将某一类事物的数据数字化以便用户进行存储、计算、分析管理而进行抽象的结果。在某种情况下可以忽略一些细节，专注于选取有意义的信息。处理这类数据，只需确定好数据的价值，设置好各个数据间的格式，构建数据间的相互关系，进行保存即可，一般不需要进行更改。随着信息时代的发展，使得非结构化数据量超越结构化数据，非结构化数据在大小、内容、格式上不同，不能用原先结构化的方法来进行处理，如用户在上网冲浪的过程中所看的电影视频、旅游过程中上传的照片、朋友圈发的说说、记录的微博等。人们日常工作中接触的文件、照片、视频都包含大量的数据，蕴含大量的信息。有关机构进行的统计显示，在一个企业组织结构中，目前非结构化数据已占据了总数据量的 75%以上，也有研究机构认为在 85%以上。尽管截至目前，在这方面还没有一个精准、权威的统计数据，但足以说明非结构化数据的增长速度惊人。非结构化数据的出现，为人们如何迅速、方便地处理数据带来很大的挑战。Yahoo 公司受到谷歌所开发的 Mapreduce 成果的启发，开发出了 Hadoop 软件，解决了处理非结构化数据的难题，也使得大数据的发展进入了快速化的阶段。

1.3.3 数据速度快

这里的速度应动态地理解为对数据的处理速度与数据的流动速度。大数据时代获得数据的速度迅速提高，需要频繁地采集、处理并输出数据。数据存在时效性，需要快速处理，并得到结果。

智能终端、物联网、移动互联网的普遍运用以及个人所产生的数据都会使数据呈现爆炸式的增长。新数据的不断涌现和旧数据的快速消失都对数据处理的要求提供了硬性的标准。只有做到对数据的处理速度跟上甚至超越大数据的产生速度，才能使得大量的数据得到有效的利用，否则不断激增的数据不但不能为解决问题带来优势，反而成为快速解决问题的负担。在数据处理速度方面，有一个著名的"1s 定律"，即大数据下，很多情况下都必须要在 1s 或者瞬间形成结果，否则处理结果就是过时的和无效的。对大数据要求快速、持续的实时处理，也是大数据与传统海量数据处理技术的关键差别之一。

此外，数据不是静止不动的，而是在移动互联网、设备中不断流动的，数据的流动消除了"数据孤岛"现象，通过数据如水般在不同的存储平台之间自由流动，将数据在合理的环境下进行存储，可以使各类组织不仅能够存储数据，而且能够主动管理数据。但也应该看到，对于这样的数据，仍然需要得到有效的处理，才能避免其失去价值。

1.3.4 数据价值密度低

挖掘大数据的价值类似于沙里淘金。在大数据时代下，尽管拥有海量的信息，但是真正可用的数据信息只有一小部分，对于数据的处理不需要处理、归纳抽象，直接保持着数据的全貌，因此也保留了大量的无用甚至可能错误的信息。以当前广泛应用的监控视频为例，在连续不间断监控过程中，大量的视频数据被存储下来，许多数据可能无用，对于某一特定的应用，比如获取犯罪嫌疑人的体貌特征，有效的视频数据可能仅仅有一两秒，大量不相关的视频信息增加了获取这有效的一两秒数据的难度。因此，如果将大数据比喻为石油行业，那么在大数据时代，重要的不是如何进行炼油(分析数据)，而是如何获得优质原油(获取优质元数据)。

尽管数据价值密度低为用户带来很多不便，但应该注意的是，大数据的数据密度低是指相对于特定的应用，有效的信息相对于数据整体是偏少的；信息有效与否也是相对的，对于某些应用是无效的信息而对于另外一些应用则成为最关键的信息；数据的价值也是相对的，有时一条微不足道的细节数据可能造成巨大的影响。比如，网络中的一条几十个字符的微博就可能通过转发而快速扩散，导致相关的信息大量涌现，其价值不可估量。因此，为了保证对于新产生的应用有足够的有效信息，通常必须保存所有数据，这样就使得一方面是数据的绝对数量激增，另一方面则可以使数据量达到一定规模，可以通过更多的数据达到更真实、全面的反馈。

1.4 发展大数据的意义

大数据作为一场科学技术的又一次飞跃，是在继互联网、云计算后的技术变革，其发展和应用必将对社会的组织结构、国家的治理模式、企业的决策架构、商业的业务策略以及个人的生活方式等产生深远的影响。尽管未来的时代充满了变数，但有一点可以预测，即大数据对大数据应用行业的发展具有长远性的重要作用。从全球范围内目前大数据发展的市场规模及其市场细分领域的行业现状来看，大数据逐步从概念研究进入实际应用的转型时期，各国政府无一不加大该领域的扶持力度。

经济新常态下，我国工业化与信息化逐步进入转型升级的发展快车道。中央与地方政府对大数据从学术领域到产业发展都高度重视。党的“十三五”发展纲要中明确提出要拓展网络经济空间，实施“互联网＋”行动计划，发展物联网技术和应用，发展分享经济，促进互联网和经济社会融合发展。

2015年，国务院发布的《促进大数据发展行动纲要》(国发〔2015〕50号)文件中明确提出要“建立标准规范体系，推进大数据产业标准体系建设，加快建立政府部门、事业单位等公共机构的数据标准和统计标准体系，推进数据采集、政府数据开放、指标口径、分类目录、交换接口、访问接口、数据质量、数据交易、技术产品、安全保密等关键共性标准的制定和实施。加快建立大数据市场交易标准体系。开展标准验证和应用试点示范，建立标准符合性评估体系，充分发挥标准在培育服务市场、提升服务能力、支撑行业管理等方面的作用。积极参与相关国际标准制定工作”等相关要求。

从我国近些年发展大数据的态势来看，在地域分布方面，京津冀地区大数据的产业链条逐步健全，产业集聚效应开始大放异彩；在长三角地区，大数据的技术产业发展如火如荼，智慧城市、云计算等支撑力量异军突起。国家近几年连续出台大数据发展政策支持意见，提出将大数据作为重点扶持的新支柱产业，各省市积极开展大数据战略合作，积极引进大数据企业、互联网巨头等措施。大数据发展强势态势逐步显现，目前通过数据挖掘，已经可以实现精准营销。

知识巩固与技能训练

一、名词解释

1. 大数据　2. 云计算　3. 物联网

二、单选题

1. 2009年，甲型H1N1流感在全球暴发，谷歌(5000万条历史记录，做了4.5亿个不同的数学模型)测算出的数据与官方最后的数据相关性非常接近，达到了(　　)。

A. 67%　　B. 77%　　C. 87%　　D. 97%

2. 第一个提出大数据概念的公司是(　　)。

A. 微软　　B. 百度　　C. 麦肯锡　　D. 腾讯

3. 大数据的起源是(　　)。

A. 金融　　B. 电信　　C. 互联网　　D. 公共管理

4. 大数据最显著的特征是(　　)。

A. 数据量大　　B. 数据种类多

C. 数据速度快　　D. 数据价值密度高

5. 智慧城市的构建不包含(　　)。

A. 数字城市　　B. 物联网　　C. 联网监控　　D. 云计算

6. 下列关于计算机存储容量单位的说法中，错误的是(　　)。

A. 1KB<1MB<1GB

B. 基本单位是字节

C. 一个汉字需要一字节的存储空间

D. 一字节能够容纳一个英文字符

三、思考题

1. 根据自己的理解,说说什么是大数据。

2. 具体描述大数据的特征(4V)。

3. 结合查阅相关文献资料,简述发展大数据的意义。

四、网络搜索和浏览

哪些网站在支持大数据技术或者数据科学的技术工作?请在表 1-1 中记录你的搜索结果。

表 1-1 数据科学与大数据专业网站实验记录

网站名称	网址	主要内容描述

第2章 大数据时代的思维变革

导读案例

亚马逊公司的“人与鼠标的战争”

虽然亚马逊公司(以下简称亚马逊)的故事大多数人都耳熟能详,但只有少数人知道它早期的书评内容是由人工完成的。当时,它聘请了一个由20多名书评家和编辑组成的团队,他们写书评、推荐新书,挑选非常有特色的新书标题放在亚马逊的网页上。这个团队创立了“亚马逊的声音”这个板块,成为当时公司的一大亮点,是其竞争优势的重要来源。《华尔街日报》的一篇文章中热情地称他们为“全美最有影响力的书评家”,因为他们使得图书销量猛增。后来,亚马逊的创始人及总裁杰夫·贝索斯决定尝试一个极富创造力的想法:根据客户个人以前的购物喜好,为其推荐相关的书籍。

从一开始,亚马逊就从每个客户那里收集了大量的数据。比如,他们购买了什么书籍?哪些书他们只浏览却没有购买?他们浏览了多久?哪些书是他们一起购买的?客户的信息数据量非常大,所以亚马逊必须先用传统的方法对其进行处理,通过样本分析找到客户之间的相似性。但这些推荐信息是非常原始的,就如同你在买一件婴儿用品时,会被淹没在一堆差不多的婴儿用品中一样。推荐信息往往为你提供与你以前购买物品有微小差异的产品,并且循环往复。

亚马逊的格雷格·林登很快就找到了一个解决方案。他意识到,推荐系统实际上并没有必要把顾客与其他顾客进行对比,这样做其实在技术上也比较烦琐。它需要做的是找到产品之间的关联性。1998年,格雷格·林登和他的同事申请了著名的item-to-item协同过滤技术的专利。方法的转变使技术发生了翻天覆地的变化。因为估算可以提前进行,所以推荐系统不仅快,而且适用于各种各样的产品。因此,当亚马逊跨界销售除书以外的其他商品时,也可以对电影或烤面包机这些产品进行推荐。由于系统中使用了所有的数据,推荐会更理想。格雷格·林登回忆道:“在组里有句玩笑话,说的是如果系统运作良好,亚马逊应该只推荐你一本书,而这本书就是你将要买的下一本书。”现在,公司必须决定什么应该出现在网站上,是亚马逊内部书评家写的个人建议和评论,还是由机器生成的个性化推荐和畅销书排行榜?格雷格·林登做了一个关于评论家所创造的销售业绩和计算机生成内容所产生的销售业绩的对比测试,结果他发现两者之间相差甚远。他解释说,通过数据推荐产品所增加的销售远远超过书评家的贡献。计算机可能不知道为什么喜欢海明威作品的客户会购买菲茨杰拉德的书。但是这似乎并不重要,重要的是销量。最后,编辑们看到了销售额分析,亚马逊也不得不放弃每次的在线评论,最终,书评组被解散了。格雷格·林登回忆说:“书评团队被打败、被解散,我感到非常难过。但是,数据没有说谎,人工评论的成本是非常高的。”亚马逊推荐系统如图 2-1 所示。

图 2-1 亚马逊推荐系统

如今,据说亚马逊销售额的三分之一都来自它的个性化推荐系统。有了它,亚马逊不仅使很多大型书店和音乐唱片商店歇业,而且当地数百个自认为有自己风格的书商也难免受转型之风的影响。知道人们为什么对这些信息感兴趣可能是有用的,但这个问题目前并不是很重要。但是,知道“是什么”可以创造点击率,这种洞察力足以重塑很多行业,不仅仅只是电子商务。所有行业中的销售人员早就被告知,他们需要了解是什么让客户做出了选择,要把握客户做决定背后的真正原因,因此专业技能和多年的经验受到高度重视。大数据却显示,还有另外一个在某些方面更有用的方法。亚马逊的推荐系统梳理出了有趣的相关关系,但不知道背后的原因——知道是什么就够了,没必要知道为什么。

2.1 大数据及其本质

在大数据时代,数据的本体论思想被提升到一种前所未有的高度。大数据哲学思想认为:数据不仅仅是一种衡量事物特征的符号和工具,而是世界的本源,世间的万事万物及其关系都可以用数来表示,用数据来量化一切。大数据时代的预言家舍恩伯格提出“有了大数据的帮助,人们不会再将世界看作是一连串人们认为或是自然或是社会现象的事件,人们会意识到本质上世界是由信息构成的。”

惠勒也提出了“万物源于比特”的主张,这里的比特是一种基本粒子。它是一个抽象的二进制数字，因此在哲学思想的范围内，用以标识大数据，但并不是数据的规模，而是数据的本体论对传统本体论的一种批判，是对传统本体论的一种变革。“万物皆数”是大数据时代哲学领域本体论的基本主张。

自数据被提升到本体论的高度后，人们也开始思考数据的本质问题。何为数据的本质？不同的哲学分支领域对此做出了不同的回答。学者们一致认为，数据作为一种信息表达方式，与物质的根本属性相同。因此，数据也是一种客观实在，具体解释为如下两点。

(1) 数据作为信息表达方式，是物质与意识共同作用的结果。

众所周知，任何信息的产生和传递都需要物质作为载体。作为信息表达方式之一的数据，同样也是这样，任何数据都需要物质背景，数据反映的是物质及其关系的表态，或者可以说，数据是物质及其关系的反映，是以物质作为基础的。

马克思主义物质观认为，物质决定意识，意识是客观事物在人脑中的反映。那么，数据作为一种信息，其以物质为载体，与物质、意识间的关系如何呢？事实上，数据作为反映物质现象的表征，从本质上来说，是人类利用自己的主观能动性对客观世界的一种设想，是人们用自己的意识并采用数量的描述方式来反映物质世界及其关系。就如康德所认为的：“要想更好地认识世界和改造世界，就需要量、质、关系等多个范畴来对客观世界进行刻画。”数据则是能够更好地描述和刻画这些多元化的范畴。舍恩伯格也认为：“通过数据化，在很多情况下人们就能全面采集和计算有形物质和无形物质的存在，并对其进行处理。”

(2) 数据具有客观实在性。

如何对数据的客观实在性进行理解？以影子倒映在墙上来讲，尽管影子没有虚拟化的特征，如果把这些影子用一定的方式记录下来，那么人们所记录的这些影子便具有了一定意义上的客观实在性了。同理可推，数据作为事物的“影子”记录，其本身也具有客观实在性。大数据时代下，万事万物的状态可以用数据进行量化，那么这些数据记录就会停留下来，作为一种客观实在。

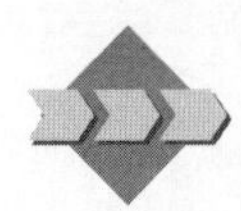

2.2　大数据与认识论

人类的知识是随着时代的进步而不断更新的。过去由于认识技术和数据处理供给的现实，人们大多采取“化整为零”的方式，将研究的现象进行分割，通过研究各部分个体，进而找出事物发展的规律。在大数据时代下，通过大数据挖掘所产生的新兴的“大数据归纳法”，通过云计算等数据挖掘技术让“数据发声”，来探寻事物发展的规律和价值信息，利用新的数据规律对传统的因果规律进行补充等，使人们认识事物的方式发生了重大的变革。

在数字化时代，数据处理变得更加容易、更加快速，人们能够在瞬间处理成千上万的数据。而“大数据”全在于发现和理解信息内容及信息与信息之间的关系。所以，在大数据时代，需要新的思维模式，人们的认识和思维也要随着时代的发展而改变。

大数据时代，人们的思维要朝着三个方向转变，这三个转变是相互联系和相互作用的。

第一个转变就是，在大数据时代，人们可以分析更多的数据，有时甚至可以处理和某个特别现象相关的所有数据，而不再是只依赖于随机采样。19世纪以来，当面临大量数据时，社会都依赖于采样分析。但是采样分析是信息缺乏时代和信息流通受限制的模拟数据时代的产物。以前人们通常把这看成是理所当然的限制，但高性能数字技术的流行让人们意识到，这其实是一种人为的限制。与局限在小数据范围相比，使用一切数据会带来更高的精确性，也让人们看到了一些以前无法发现的细节——大数据让人们更清楚地看到了样本无法揭示的细节信息。

第二个转变就是，研究数据如此之多，以至于人们不再热衷于追求精确度。当测量事物的能力受限时，关注最重要的事情和获取最精确的结果是可取的。直到今天，数字技术依然建立在精准的基础上。假设只要电子数据表格将数据排序，数据库引擎就可以找出和人们检索的内容完全一致的检索记录。这种思维方式适用于掌握"小数据量"的情况，因为需要分析的数据很少，所以必须尽可能精准地量化记录。但随着数据规模的扩大，部分领域对精确度的痴迷将减弱。在大数据时代，很多时候，追求精确度已经变得不可行，甚至不受欢迎了。当人们拥有海量即时数据时，绝对的精准不再是追求的主要目标。大数据纷繁多样，优劣掺杂，分布在全球多个服务器上。拥有了大数据，人们不再需要对一个现象刨根究底，只要掌握大体的发展方向即可。当然也不是完全放弃了精确度，只是不再沉迷于此。适当忽略微观层面上的精确度会让人们在宏观层面拥有更好的洞察力。

第三个转变是不再热衷于寻找因果关系。这是因前两个转变而促成的。寻找因果关系是人类长久以来的习惯，即使确定因果关系很困难而且用途不大，人类还是习惯性地寻找缘由。相反，在大数据时代，人们无须再紧盯事物之间的因果关系，而应该寻找事物之间的相关关系，这会给人们提供非常新颖且有价值的观点。相关关系也许不能准确地告知某件事情为何会发生，但是它会提醒人们这件事情正在发生。在许多情况下，这种提醒的帮助已经足够大了。如果数百万条电子医疗记录显示橙汁和阿司匹林的特定组合可以治疗癌症，那么找出具体的药理机制就没有这种治疗方法本身来得重要。同样，只要人们知道什么时候是买机票的最佳时机，就算不知道机票价格疯狂变动的原因也无所谓了。大数据告诉人们"是什么"而不是"为什么"。在大数据时代，人们不必知道现象背后的原因，只要让数据自己发声。人们不再需要在还没有收集数据之前，就把分析建立在早已设立的少量假设的基础之上。让数据发声，人们会注意到很多以前从来没有意识到的联系的存在。

2.3 大数据时代的三大转变

大数据时代的到来改变了人们的生活方式和思维模式。从哲学的角度来讲，大数据时代，通过全部数据来进行判断的整体论，实现了还原论与整体论的融合；通过接收数据的纷繁复杂，体现万事万物联系的多样性和特殊性；通过关注事物间的相关性来凸显事物的存在性。

2.3.1 大数据时代的全数据模式

在大数据时代，第一个思维转变是分析与某事物相关的所有数据，而不是少量的样本数据。很长时间以来，因为记录、存储和分析数据的工具不够好，为了让分析变得简单，人们会把数据量缩减到最少，人们依据少量数据进行分析，而准确分析大量数据一直都是一种挑战。如今，信息技术的条件已经有了非常大的提高，虽然人类可以处理的数据依然是有限的，但是可以处理的数据量已经大大地增加，而且未来会越来越多。

过去，由于数据采集、数据存储和处理能力的限制，随机采样成为现代社会、现代测量领域的主心骨。但这只是一条捷径，是在不可收集和分析全部数据的情况下的选择，它本身存在许多固有的缺陷。统计学家们证明：采样分析的精确性随着采样随机性的增加而大幅提高，但与样本数量的增加关系不大。虽然听起来很不可思议，但事实上，研究表明，当样本数量达到了某个值之后，人们从新个体身上得到的信息会越来越少，就如同经济学中的边际效应递减一样。

随机采样的成功依赖于采样的绝对随机性，但是实现采样的随机性非常困难。一旦采样过程中存在任何偏见，分析结果就会相差甚远。更糟糕的是，随机采样不适合考察子类别的情况。因为一旦继续细分，随机采样结果的错误率会大大增加。因此，当人们想了解更深层次的细分领域的情况时，随机采样的方法就不可取了。在宏观领域起作用的方法在微观领域失去了作用。随机采样就像是模拟照片打印，远看很不错，但是一旦聚焦某个点，就会变得模糊不清。随机采样也需要严密的安排和执行。人们只能从采样数据中得出事先设计好的问题的结果。所以虽说随机采样是一条捷径，但它并不适用于所有情况，因为这种调查结果缺乏延展性，即调查得出的数据不可以重新分析以实现计划之外的目的。

采样的目的是用最少的数据得到最多的信息，而当人们可以获得海量数据时，它就没有什么意义了。如今，计算和制表不再像过去一样困难。感应器、手机导航、网站和微信等平台被动地收集了大量数据，而计算机可以轻易地对这些数据进行处理。但是，数据处理技术已经发生了翻天覆地的改变，但人们的方法和思维却没有跟上这种改变。采样忽视细节考察的缺陷现在越来越难以被忽视了。在很多领域，从收集部分数据到收集尽可能多的数据的转变已经发生了。如果可能的话，那么用户会收集所有的数据，即“样本＝总体”。

谷歌流感趋势预测不是依赖于随机样本，而是分析了全美国几十亿条互联网检索记录。分析整个数据库，而不是对一个小样本进行分析，这样能够提高微观层面分析的准确性，甚至能够推测出某个特定城市的流感状况。所以，人们现在经常会放弃样本分析这条捷径，选择收集全面而完整的数据。这样就需要足够的数据处理和存储能力，也需要最先进的分析技术。同时，简单廉价的数据收集方法也很重要。过去，这些问题中的任何一个都很棘手。在一个资源有限的时代，要解决这些问题需要付出很大的代价。但是现在，解决这些难题已经变得容易得多。曾经只有大公司才能做到的事情，现在绝大部分的公司都可以做到了。

人们总是习惯把统计抽样看作文明得以建立的牢固基石，就如同几何学定理和万有引力定律一样。但是统计抽样其实只是在技术受限的特定时期，为了解决当时存在的一些特定问题而产生的，其历史尚不足一百年。如今，技术环境已经有了很大的改善。在大数据时代进行抽样分析就像是在汽车时代骑马一样。在某些特定的情况下，人们依然可以使用样本分析法，但这不再是分析数据的主要方式。

2.3.2 接受数据的混杂性

大数据时代的第二个思维转变是要乐于接受数据的纷繁复杂，而不再一味追求其精确性。在越来越多的情况下，使用所有可获取的数据变得更为可能，但为此也要付出一定的代价。数据量的大幅增加会造成结果的不准确，与此同时，一些错误的数据也会混进数据库。然而，在大数据时代，要学会接受它们。

1. 允许不精确

对“小数据”而言，最基本、最重要的要求就是减少错误，保证质量。因为收集的信息量比较少，所以必须确保记录下来的数据尽量精确。无论是确定天体的位置还是观测显微镜下物体的大小，为了使结果更加准确，很多科学家都致力于优化测量的工具。在采样的时候，对精确度的要求就更高、更苛刻了。因为收集信息的有限意味着细微的错误会被放大，甚至有可能影响整个结果的准确性。

事实上，对精确度的高要求始于13世纪中期的欧洲。那时候，天文学家和学者对时间、空间的研究采取了比以往更为精确的量化方式，用历史学家阿尔弗雷德·克罗斯比的话来说就是“测量现实”。后来，测量方法逐渐被运用到科学观察、解释方法中，体现为一种进行量化研究、记录，并呈现可重复结果的能力。伟大的物理学家开尔文勋爵曾说过：“测量就是认知。”这已成为一条至理名言。同时，很多数学家以及后来的精算师和会计师都发展了可以准确收集、记录和管理数据的方法。

然而，在不断涌现的新情况中，允许不精确数据的出现已经成为一个亮点，而非缺点。因为放松了容错的标准，人们掌握的数据也多了起来，还可以利用这些数据做更多新的事情。这样就不是大量数据优于少量数据那么简单了，而是大量数据创造了更好的结果。

同时，人们需要与各种各样的混乱做斗争。简单地说就是随着数据的增加，错误率也会相应增加。在整合来源不同的各类信息时，因为它们通常不完全一致，所以也会加大混乱程度。混乱还可以指格式的不一致性，因为要达到格式一致，就需要在进行数据处理之前仔细地清洗数据，而这在大数据背景下很难做到。当然，在萃取或处理数据时，混乱也会发生。比如，你要测量一个葡萄园的温度，但是整个葡萄园只有一个温度测量仪，那你就必须确保这个测量仪是精确的，而且能够一直工作。反过来，如果每100棵葡萄树就有一个温度测量仪，有些测试的数据可能会是错误的，可能会更加混乱，但众多的读数合起来就可以提供一个更加准确的结果。因为这里面包含了更多的数据，而它不仅能抵消掉错误数据造成的影响，还能提供更多的额外价值。

可见，为了获得更广泛的数据而牺牲了精确性，也因此看到了很多以前无法被关注到的细节。或者为了高频率而放弃了精确性，结果却观察到了一些本可能被错过的变化。在很多情况下，与致力于避免错误相比，对错误的包容会带给人们更多好处。

2. 纷繁的数据越多越好

通常传统的统计学家都很难容忍错误数据的存在，在收集样本时，他们会用一整套的策略来减少错误发生的概率。在结果公布之前，他们也会测试样本是否存在潜在的系统性偏差。这些策略包括根据协议或通过受过专门训练的专家来采集样本。但是，即使只是少量的数据，这些规避错误的策略实施起来还是耗费巨大。尤其是当人们收集所有数据时，这就行不通了。不仅因为耗费巨大，还因为在大规模的基础上保持数据收集标准的一致性不太现实。

大数据时代要求人们重新审视数据精确性的优劣。如果将传统的思维模式运用于数字化、网络化的21世纪，就有可能错过重要的信息。如今，人们掌握的数据库越来越全面，它包括了与这些现象相关的大量甚至全部数据。人们不必那么担心某个数据点对整套分析的不利影响。要做的就是接受这些纷繁的数据并从中受益，而不是以高昂的代价消除所有的不确定性。有时候，当人们掌握了大量新型数据时，精确性就不那么重要了，同样可以掌握事情的发展趋势。大数据让人们不再期待精确性，也无法实现精确性。然而，接受数据的不精确和不完美，人们反而能够更好地进行预测。

值得注意的是，错误性并不是大数据本身固有的特性，而是一个亟须人们去处理的现实问题，并且有可能长期存在。它只是人们用来测量、记录和交流数据的工具的一个缺陷。如果说哪天技术变得完美无缺了，不精确的问题也就不复存在了。因为拥有更大数据量所能带来的商业利益远远超过增加一点精确性，所以通常人们不会再花大力气去提升数据的精确性。这又是一个关注焦点的转变，正如以前，统计学家们总是把他们的兴趣放在提高样本的随机性而不是数量上。如今，大数据给人们带来的利益，让人们能够接受不精确的存在了。

3. 混杂性是标准途径

长期以来人们一直用分类法和索引法来帮助自己存储和检索数据资源。这样的分级系统通常都不完善。而在“小数据”范围内，这些方法就很有效，但一旦把数据规模增加好几个数量级，这些预设一切都各就各位的系统就会崩溃。

当一个人在网站上见到一个 Facebook 的“喜欢”按钮时，可以看到有多少其他人也在点击。当数量不多时，会显示像“63”这种精确的数字。当数量很大时，则只会显示近似值，比方说“4000”。这并不代表系统不知道正确的数据是多少，只是当数量规模变大时，确切的数量已经不那么重要了。另外，数据更新得非常快，甚至在刚刚显示出来时可能就已经过时了。所以，同样的原理适用于时间的显示。电子邮箱会确切标注在很短时间内收到的信件，比方说“11min 之前”。但是，对于已经收到一段时间的信件，则会标注如“2h 之前”这种不太确切的时间信息。如今，要想获得大规模数据带来的好处，混乱应该是一种标准途径，而不应该是竭力避免的。

4. 新的数据库设计

传统的关系数据库是为小数据时代设计的。在那个时代，人们遇到的问题无比清晰，数据库被设计用来有效地回答这些问题。数据也不是单纯地被存储，传统的数据库引擎要求数据高度精确和准确排列。它往往被划分为包含“域”(字段)的记录，每个域都包含了特定种类和特定长度的信息。假如某个数值域被设定为 7 位数长，那么一个 1000 万或者更大的数值就无法被记录。在某个记录手机号码的域中输入一串汉字是“不被允许”的，想要被允许，则需要改变数据库结构才可以。

这种传统数据存储和分析方法越来越和现实相冲突，不精确已经开始渗入数据库设计这个最不能容忍错误的领域。目前存在的海量数据中，很少量的数字数据是结构化的且能适用于传统数据库。如果不接受混乱，大部分的非结构化数据都无法被利用，比如网页和视频资源。通过接受不精确性，将为人们打开一个从未涉足的世界的窗户。但是，不精确的数据很难完全符合预先设定的数据种类，这就导致了新的数据库设计的诞生。

近年来的大转变就是非关系数据库的出现，它不需要预先设定记录结构，允许处理超大量五花八门的数据。因为包容了结构多样性，这些数据库设计要求处理和存储更多的资源。帕特·赫兰德是来自微软的世界上比较权威的数据库设计专家之一，他把这称为一个重大的转变。他分析了被各种各样质量参差不齐的数据所侵蚀的传统数据库设计的核心原则，他认为，处理海量数据会不可避免地导致部分信息的缺失，但是能快速得到想要的结果弥补了这个缺陷。

最能代表这个转变的就是 Hadoop 的流行。Hadoop 非常善于处理超大量的数据，通过把大数据变成小模块，然后分配给其他机器进行分析，实现了对超大量数据的处理。Hadoop 的输出结果没有关系数据库输出结果那么精确，它不能用于卫星发射、开具银行账户明细这种精确度要求很高的任务。但是对于不要求极端精确的任务，它就比其他系统运行得快很多，比如把顾客分群，然后分别进行不同的营销活动。

信用卡公司 VISA 使用 Hadoop，能够将处理两年内 730 亿单交易所需的时间，从一个月缩减至仅 13min。这样大规模处理时间上的缩减足以变革商业了。也许 Hadoop 不适合正规记账，但是当可以允许少量错误时它就非常适用。接受混乱，人们就能享受极其有用的服务，这些服务如果使用传统方法和工具是不可能做到的，因为那些方法和工具处理不了这么大规模的数据。

2.3.3 突出数据的相关性而不是因果性

在传统观念下，人们总是致力于找到一切事情发生背后的原因。然而在很多时候，寻找数据间的关联并利用这种关联就足够了。这就是大数据时代的第三个思维变革——关注事物的相关关系。

1. 关联物是预测的关键

虽然在小数据世界中相关关系也是有用的，但如今在大数据的背景下，相关关系大放异彩。通过应用相关关系，人们可以比以前更容易、更快捷、更清楚地分析事物。

所谓相关关系，其核心是指量化两个数据值之间的数理关系。相关关系强是指当一个数据值增加时，另一个数据值很有可能也会随之增加。比如谷歌流感趋势：在一个特定的地理位置，越多的人通过谷歌搜索特定的词条，就说明该地区有更多的人患了流感。相反，相关关系弱就意味着当一个数据值增加时，另一个数据值几乎不会发生变化。例如，寻找关于个人的鞋码和幸福的相关关系，但会发现它们几乎扯不上什么关系。

相关关系通过识别有用的关联物来帮助人们分析一个现象，而不是通过揭示其内部的运作机制。当然，即使是很强的相关关系也不一定能解释每一种情况，比如两个事物看上去行为相似，但很有可能只是巧合。相关关系没有绝对性，只有可能性。也就是说，不是亚马逊推荐的每本书都是顾客想买的书。但是，如果相关关系强，一个相关链接成功的概率是很高的。这一点很多人可以证明，他们的书架上有很多书都是因为亚马逊推荐而购买的。

通过找到一个良好的关联物，相关关系可以帮助人们捕捉现在和预测未来。如果 A 和 B 经常一起发生，那么只需要注意到 B 发生了，就可以预测 A 也发生了，即使人们不能直接测量或观察到 A。更重要的是，它还可以帮助人们预测未来可能发生什么。当然，相关关系是无法预知未来的，它们只能预测可能发生的事情，但这已经极其珍贵了。

2004 年，沃尔玛公司（以下简称沃尔玛）对历史交易记录这个庞大的数据库进行了观察，这个数据库记录的不仅包括每一个顾客的购物清单以及消费额，还包括购物篮中的物品、具体购买时间，甚至购买当日的天气。沃尔玛注意到，每当在季节性飓风来临之前，不仅手电筒销售量增加了，而且 POP-Tarts（蛋挞，美式含糖早餐零食）的销量也增加了。因此，当季节性风暴来临时，沃尔玛会把库存的蛋挞放在靠近飓风用品的位置，以方便行色匆匆的顾客从而增加销量。

在大数据时代来临前，人们就已经通过实践证明相关关系大有用途。但是在大数据时代前，相关关系的应用很少。因为数据很少而且收集数据很费时费力，所以统计学家们喜欢找到一个关联物，然后收集与之相关的数据进行相关关系分析来评测这个关联物的优劣。那么，如何寻找这个关联物呢？

专家们使用一些建立在理论基础上的假想来指导自己选择适当的关联物。这些理论就是一些抽象的观点，即关于事物是怎样运作的。然后收集与关联物相关的数据来进行相关关系分析，以证明这个关联物是否真的合适。如果不合适，人们通常会固执地再次尝试，因为担心可能是数据收集的错误，而最终却不得不承认一开始的假想甚至假想建立的基础都是有缺陷的和必须修改的。这种对假想的反复试验促进了学科的发展。但是这种发展非常缓慢，只适用于小数据时代。

在大数据时代，通过建立在人的偏见基础上的关联物监测法已经不再可行，因为数据库太大而且需要考虑的领域太复杂。幸运的是，许多迫使人们选择假想分析法的限制条件也逐渐消失了。人们现在拥有如此多的数据，这么好的机器计算能力，因而不再需要人工选择一个关联物或者一小部分相似数据来逐一分析了。复杂的机器分析能为人们辨认出谁是最好的代表，就像在谷歌流感趋势中计算机把5亿个检索词条在数学模型上进行测试之后，准确地找出了哪些是与流感传播最相关的词条。

2. 探求“是什么”而不是“为什么”

在小数据时代，相关关系分析和因果分析都不容易，耗费巨大，都要从建立假设开始，然后进行实验——这个假设要么被证实要么被推翻。但是，由于两者都始于假设，这些分析就都有受偏见影响的可能，极易导致错误。与此同时，用来做相关关系分析的数据很难得到。另外，在小数据时代，由于计算机能力的不足，大部分相关关系分析仅限于寻求线性关系。而事实上，实际情况远比人们所想象的要复杂。经过复杂的分析，人们能够发现数据的“非线性关系”。

大数据时代，专家们正在研发能发现并对比分析非线性关系的技术工具。一系列飞速发展的新技术和新软件也从多方面提高了相关关系分析工具发现非因果关系的能力。这些新的分析工具和思路为人们打开了一系列新的视野，让人们看到了很多以前不曾注意到的联系，还掌握了以前无法理解的复杂技术和社会动态。但最重要的是，通过去探求“是什么”而不是“为什么”，相关关系帮助人们更好地了解这个世界。

3. 通过因果关系了解世界

传统情况下，人类是通过因果关系了解世界的。首先，人们的直接愿望就是了解因果关系。即使无因果联系存在，人们通常还是会假定其存在。研究证明，这只是人们的认知方式，与每个人的文化背景、生长环境以及教育水平无关。当人们看到两件事情接连发生时，就会习惯性地从因果关系的角度来看待它们。

普林斯顿大学心理学专家丹尼尔·卡尼曼就是用这个例子证明了人有两种思维模式。第一种是不费力的快速思维，通过这种思维方式几秒就能得出结果；另一种是比较费力的慢性思维，对于特定的问题，需要考虑到位。快速思维模式使人们倾向于用因果关系来看待周围的一切，即使这种关系并不存在。这是对已有的知识和信仰的执着。在古代，这种快速思维模式是很有用的，它能帮助在信息量缺乏却必须快速做出决定的情况下化险为夷。但是，这种因果关系有可能是不存在的。

丹尼尔·卡尼曼指出，因为惰性，平时生活中很少慢条斯理地思考问题，所以快速思维模式就占据了上风。因此，会经常臆想出一些因果关系，最终导致了对世界的错误理解。父母经常告诉孩子，天冷时不戴帽子和手套就会感冒。事实上，感冒也可能是由于病毒引起的。有人在某个餐馆用餐后肚子痛，就会自然而然地觉得这是餐馆食物的问题。事实上，肚子痛也许是因为其他原因。然而，人们的快速思维模式将其归于任何能在第一时间想起来的因果关系，因此，这经常导致人们做出错误的决定。与常识相反，经常凭借直觉而来的因果关系往往并没有帮助人们加深对这个世界的理解。很多时候，这种认知捷径只是给了人们一种自己已经理解的错觉。在小数据时代，很难证明由直觉而来的因果关系是错误的。现在不一样了，大数据之间的相关关系，将经常会用来证明直觉的因果关系是错误的。

因果关系被完全证实的可能几乎是没有的，而且就算这些实验可以操作，操作成本也非常昂贵。不像因果关系，证明相关关系的实验耗资少，费时也少。而且人们分析相关关系既有数学方法，也有统计学方法。同时，数字工具也能帮人们准确地找出相关关系。相关关系分析本身意义重大，同时它也为研究因果关系奠定了基础。通过找出可能相关的事物，人们可以在此基础上进行进一步的因果关系分析，如果存在因果关系，人们再进一步找出原因。这种便捷的机制通过实验降低了因果分析的成本。人们也可以从相关关系中找到一些重要的变量，这些变量可以用到验证因果关系的实验中去。相关关系很有用，不仅仅是因为它能为人们提供新的视角，而且提供的视角都很清晰。而人们一旦把因果关系考虑进来，这些视角就有可能被蒙蔽掉。人们没必要一定要找出相关关系背后的原因，当人们知道了"是什么"时，"为什么"其实就没那么重要了。

近年来，科学家一直在试图减少这些实验的花费，比如，通过巧妙地结合相似的调查，做成"类似实验"。这样一来，因果关系的调查成本就降低了，但还是很难与相关关系体现的优越性相抗衡。还有，正如之前提到的，在专家进行因果关系的调查时，相关关系分析本来就会起到帮助的作用。在大多数情况下，一旦人们完成了对大数据的相关关系分析，而又不再满足于仅仅知道"是什么"时，人们就会继续向更深层次研究因果关系，找出背后的"为什么"。因果关系还是有用的，但是它将不再被看成是意义来源的基础。在大数据时代，即使很多情况下，人们依然指望用因果关系来说明人们所发现的相关关系，但是，人们知道因果关系只是一种特殊的相关关系。相反，大数据推动了相关关系分析。相关关系分析通常情况下能取代因果关系起作用，即使不可取代的情况下，它也能指导因果关系起作用。

2.4 数据将成为一种竞争优势

数十年来，人们对"信息技术"的关注一直偏重其中的"技术"部分，首席信息官(CIO)的职责就是购买和管理服务器、存储设备和网络。而如今，信息以及对信息的分析、存储和预测的能力，正成为一种竞争优势。大数据将"信息技术"的焦点从"技术"转变为"信息"，如图 2-2 所示。

过去 20 年是信息技术的时代，接下来的 20 年的主题仍会是信息技术。哪些企业能够更快地处理数据，它们就能够远远超越竞争对手。正如"大数据创新空间曲线"的创始人和

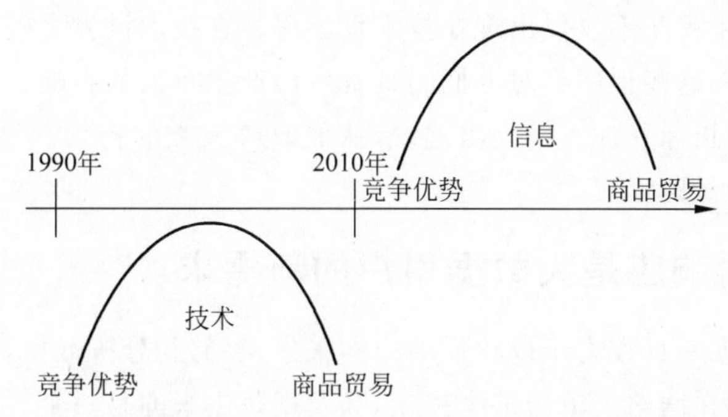

图 2-2 大数据将“信息技术”的焦点从“技术”转变为“信息”

首席技术官安德鲁·罗杰斯所言:“你分析数据的速度越快,它的预测价值就越大。”企业如今正在渐渐远离批量处理数据的方式(即先存储数据,之后再慢慢进行分析处理)而转向实时分析数据来获取竞争优势。

对于高管们而言,好消息是来自大数据的信息优势不再只属于谷歌、亚马逊之类的大企业。Hadoop 之类的开源技术让其他企业可以拥有同样的优势。无论是老牌大型技术企业还是新兴初创型公司,都能够以合理的价格利用大数据来获得竞争优势。

2.4.1 大数据应用需求增多

与以往相比,大数据带来的颠覆不仅是可以获取和分析更多数据的能力,更重要的是获取和分析等量数据的价格也正在显著下降。但是价格与日俱下,需求却越来越多。这种略带讽刺的关系正如所谓的“杰文斯悖论”一样。科技进步使存储和分析数据的方式变得更有效率,与此同时,公司也将对此做出更多的数据分析。简而言之,这就是为什么大数据能够带来商业上的颠覆性变化。

从亚马逊到谷歌,从 IBM 到惠普和微软,大量的大型技术公司纷纷投身于大数据;而基于大数据解决方案,更多初创型企业如雨后春笋般涌现,提供基于云服务和开源的大数据解决方案。

大公司致力于横向的大数据解决方案,与此同时,小公司则以垂直行业的关键应用为重。有些产品可以优化销售效率,而有些产品则通过将不同渠道的营销业绩与实际的产品使用数据相联系来为未来营销活动提供建议。这些大数据应用程序意味着小公司不必在内部开发或配备所有大数据技术,在大多数情况下,它们可以利用基于云端的服务来解决数据分析需求。

2.4.2 大数据应用程序兴起

大数据应用程序在大数据空间掀起了又一轮浪潮。投资者相继将大量资金投入现有的基础设施中,又为 Hadoop 软件的商业供应商 Cloudera 等提供了投资。与此同时,企业并没有停留在大数据基础设施上,而是将重点转向了大数据的应用。

有了大数据应用程序之后,企业不再需要自己动手创建工具。它们可以利用预先设置的应用程序从而专注于它们的业务经营。例如,利用 Splunk 公司的软件,可以搜索 IT 日志,并直观看到有关登录位置和频率的统计,进而轻松地找到基础设施存在的问题。

然而，大数据应用程序不仅仅出现在技术世界里。在技术世界之外，企业还在不断研发更多的数据应用程序，这些程序将对人们的日常生活产生重大的影响。举例来说，有些产品会追踪与健康相关的指标并为人们提出建议，从而改善人类的行为。这类产品还能减少肥胖，提高生活质量，降低医疗成本。

2.4.3 实时响应是大数据用户的新需求

过去几年，大数据一直致力于以较低的成本采集、存储和分析数据，而未来几年，数据的访问将会加快。当你在网站上单击某个按钮，却发现跳出来的是一个等待画面，而你不得不等待交易的完成或报告的生成，这是一个多么令人沮丧的过程。再来对比一下谷歌搜索结果的响应时间：2010 年，谷歌推出了 Google Instant，该产品可以在你输入文本的同时就能看到搜索结果。通过引入该功能，用户在谷歌给出的结果中找到自己需要的页面的时间缩短为以前的 1/7～1/5。

数据分析师、经理及行政人员都希望能像谷歌一样用迅捷的洞察力来了解他们的业务。随着大数据用户对便捷性提出的要求越来越高，仅仅通过采用大数据技术已不能满足他们的需求。持续的竞争优势并非来自大数据本身，而是更快的洞察信息的能力。Google Instant 这样的程序就向人们演示了“立即获得结果”的强大之处。

2.4.4 企业构建大数据战略

在大数据行业高速发展之下，每个企业都需要一个大数据路线图，至少，企业应为获取数据制订一种战略，获取范围应从内部计算机系统的常规机器日志一直到线上的用户交互记录。即使企业当时并不知道这些数据有什么用，它们也要这样做，或许随后它们会突然发现这些数据的作用。正如罗杰斯所言：“数据所创造的价值远远高于最初的预期，千万不要随便将它们抛弃。”

企业还需要制订一个计划来应对数据的指数级增长。照片、即时信息以及电子邮件的数量非常庞大，而由手机、GPS 及其他设备构成的“传感器”所释放出的数据量甚至更大。在理想情况下，企业应让数据分析贯穿于整个组织，并尽可能地做到实时分析。通过观察谷歌、亚马逊、Facebook 和其他科技主导企业，你可以看到大数据之下的种种机会。管理者需要做的就是往自己所在的组织中注入大数据战略。

知识巩固与技能训练

一、名词解释

1. 采样　2. 相关关系　3. 关联物

二、单选题

1. 采样分析的精确性是随着采样随机性的增加而(　　)，与样本数量的增加关系不大。

A. 降低　　B. 不变　　C. 提高　　D. 无关

2. 大数据是指不用随机分析法这样的捷径，而采用(　　)的方法。

A. 所有数据　　B. 绝大部分数据　　C. 适量数据　　D. 少量数据

3. 相比依赖于小数据和精确性的时代，大数据因为更强调数据的(　　)，帮助人们进一步接近事实的真相。

A. 安全性　　B. 完整性

C. 混杂性　　D. 完整性和混杂性

4. 大数据时代，人们是要让数据自己“发声”，没必要知道为什么，只需要知道(　　)。

A. 原因　　B. 是什么　　C. 关联物　　D. 预测的关键

5. 一切皆可连，任何数据之间逻辑上都有可能存在联系，这体现了大数据思维中的(　　)。

A. 定量思维　　B. 相关思维　　C. 因果思维　　D. 实验思维

6. 美国海军军官莫里通过对前人航海日志的分析，绘制了新的航海路线图，标明了大风与洋流可能发生的地点。这体现了大数据分析理念中的(　　)。

A. 在数据基础上倾向于全体数据而不是抽样数据

B. 在分析方法上更注重相关分析而不是因果分析

C. 在分析效果上更追究效率而不是绝对精确

D. 在数据规模上强调相对数据而不是绝对数据

三、思考题

1. 大数据时代人们分析信息、理解世界的三大转变是指什么？

2. 简述在大数据时代，为什么要分析与某事物相关的所有数据，而不是依靠分析少量的数据样本。

3. 简述在大数据时代，为什么人们乐于接受数据的纷繁复杂，而不再一味追求其精确性。

四、网络搜索和浏览

结合查阅的相关资料，阐述在大数据时代，为什么人们不再探求难以捉摸的因果关系，转而关注事物的相关关系。

第3章

大数据的采集与存储

导读案例

大数据时代，数据在云端

为了迎合大数据时代的需求，许多企业正将计算和处理的环节转移到云中。这就意味着不必购买硬件和软件，只需将其安装到自己的数据中心，然后对基础设施进行维护，企业就可以在网上获得想要的功能。软营模式(Software as a Service，SaaS)公司开创了在网上以“无软件”模式为客户关系管理(CRM)应用程序交付的先例。这家公司随后建立了一个服务生态系统，以补充其核心的CRM解决方案。

与此同时，亚马逊也为必要的基础设施铺平了道路——使用亚马逊Web服务(AWS)在云中计算和存储。亚马逊在2003年推出了AWS，如图3-1所示。它希望从Amazon.com商店运行所需的基础设施上获利。然后，亚马逊继续增加其按需基础设施服务，为开发商迅速带来新的服务器、存储器及数据库。亚马逊也引进了特定的大数据服务，其中包括Amazon MapReduce(一款开源Hadoop——MapReduce服务的亚马逊云版本)以及Amazon RedShift(一项数据仓库按需解决方案)。亚马逊预计该方案每年每太字节的成本仅为1000美元——不到公司一般内部部署数据仓库花费的1/10，换言之，通常公司每年每太字节的成本超过10 000美元。同时，亚马逊提供的在线备份服务Amazon Glacier提供低成本数字归档服务，该服务每月每千兆字节的费用仅为0.01美元，约合每年每太字节120美元。

图3-1 亚马逊的AWS

和其他供应商相比，亚马逊有两大优势：第一，它具有非常著名的消费者品牌；第二，它也从支持网站 Amazon.com 而获得的规模经济及其基础设施服务的其他广泛客户中受益。虽然其他一些著名公司也提供云基础设施，包括谷歌及其谷歌云平台，还有微软及其 Windows Azure，但亚马逊已为此铺平了道路，并以 AWS 占据了有利位置。但所有这些云服务胜过传统服务的优势在于，顾客只为使用的东西消费。这尤其对创业公司有利，它们可以避免高昂的先期投入，而这通常涉及购买、部署、管理服务器和存储基础设施。

3.1　大数据的分类

数据是指对客观事件进行记录并可以鉴别的符号，是对客观事物的性质、状态以及相互关系等进行记载的物理符号或这些物理符号的组合，是可识别的、抽象的符号。数据和信息是两个不同的概念，信息是较为宏观的概念，它由数据的有序排列组合而成，传达给读者某个概念、方法等，而数据则是构成信息的基本单位，离散的数据没有太大的实用价值。在大数据时代，人们每时每刻都在产生着各种各样的数据。当你在计算机前打开搜索引擎，搜索自己想看的电影时，你在产生搜索数据；当你在医院里就诊，医生给你开出处方时，你在产生医疗数据；当你阅读一本书，遇到精彩的地方情不自禁地把精彩段落摘抄下来时，你在产生阅读数据。

大数据的主要数据类型包括结构化、半结构化和非结构化数据，如图 3-2 所示。非结构化数据越来越成为大数据的主要部分。据 IDC 的调查报告显示，企业中 80%的数据都是非结构化数据，这些数据每年约增长 60%。在以云计算为代表的技术创新大幕的衬托下，这些原本看起来很难收集和使用的数据开始很容易地被利用起来。在各行各业的不断创新下，大数据会逐步为人类创造更多的价值。

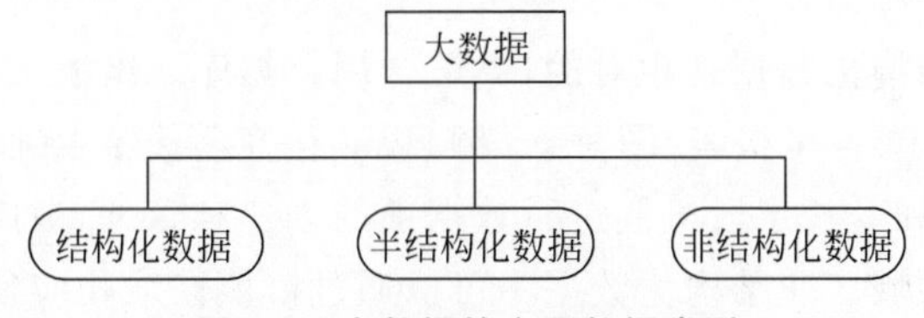

图 3-2　大数据的主要数据类型

下面分别对这三种大数据的类型进行简单介绍。

1. 结构化数据

简单来说，结构化数据就是传统关系数据库数据，也称为行数据。它是由二维表结构来逻辑表达和实现的数据，严格地遵循数据格式与长度规范，主要通过关系数据库进行存储和管理。结构化数据标记是一种能让网站以更好的姿态展示在搜索结果中的方式，搜索引擎都支持标准的结构化数据标记。结构化数据可以通过固有键值获取相应信息，并且数据的格式严格固定，如 RDBMS 数据。最常见的结构化就是模式化，结构化数据也就是模式化数据。

大多数传统数据技术应用主要基于结构化数据，如银行业数据、保险业数据、政府企事业单位数据等主要依托结构化数据。结构化数据也是传统行业依托大数据技术提高综合竞争力和创新能力的主要数据类型。

2. 半结构化数据

半结构化数据和普通纯文本相比具有一定的结构性，但和具有严格理论模型的关系数据库的数据相比更灵活。它是一种适用于数据库集成的数据模型，也就是说，适于描述包含在两个或多个数据库（这些数据库含有不同模式的相似数据）中的数据。它是一种标记服务的基础模型，用于在 Web 上共享信息。人们对半结构化数据模型感兴趣主要是它的灵活性。特别地，半结构化数据是"无模式"的。更准确地说，其数据是自描述的。它携带了关于其模式的信息，并且这样的模式可以随时间在单一数据库内任意改变。这种灵活性可能使查询处理更加困难，但它给用户提供了显著的优势。

半结构化数据的结构模式具有下述特征。

（1）数据结构自描述性。结构与数据相交融，在研究和应用中不需要区分"元数据"和"一般数据"（两者合二为一）。

（2）数据结构描述的复杂性。结构难以纳入现有的各种描述框架，实际应用中不易进行清晰的理解与把握。

（3）数据结构描述的动态性。数据变化通常会导致结构模式变化，具有动态的特性。

常规的数据模型（如 E-R 模型、关系模型和对象模型）的特点恰恰与上述特征相反，因为这些常规数据模型是结构化数据模型。而相对于结构化数据，半结构化数据的构成更为复杂和不确定，从而也具有更高的灵活性，能够适应更为广泛的应用需求。其实，用半结构化的视角看待数据是非常合理的。没有模式的限定，数据可以自由地流入系统，还可以自由地更新，更便于客观地描述事物。在使用时模式才应该起作用，使用者若要获取数据就应当构建需要的模式来检索数据。由于不同的使用者构建不同的模式，数据将被最大化利用，这才是使用数据最自然的方式。

3. 非结构化数据

非结构化数据与结构化数据是相对的，不适合用数据库二维表来展现，包括所有格式的办公文档、XML、HTML、各类报表、图片、音频、视频信息等。支持非结构化数据的数据库采用多值字段、子字段和变长字段机制进行数据项的创建和管理，被广泛应用于全文检索和各种多媒体信息处理领域。非结构化数据不可以通过键值获取相应信息。

非结构化数据一般指无法结构化的数据，如图片、文件、超媒体等典型信息，在互联网上的信息内容形式中占据了很大比例。随着"互联网＋"战略的实施，越来越多的非结构化数据将不断产生。据预测，非结构化数据将占所有数据的 70％～80％，甚至更高。经过多年的发展，结构化数据分析和挖掘技术已经形成了相对比较成熟的技术体系。也正是由于非结构化数据中没有限定结构形式，表示灵活，蕴含了丰富的信息。因此，综合来看，在大数据分析和挖掘中，掌握非结构化数据处理技术是至关重要的。目前，非结构化数据处理技术主要包括以下 5 种。

（1）Web 页面信息内容提取。

（2）结构化处理（含文本的词汇切分、词性分析、歧义处理等）。

（3）语义处理（含实体提取、词汇相关度分析、句子相关度分析、篇章相关度分析、句法分析等）。

（4）文本建模（含向量空间模型、主题模型等）。

(5) 隐私保护(含社交网络的连接型数据处理、位置轨迹型数据处理等)。

这些技术涉及较广,在情感分类、客户语音挖掘、法律文书分析等领域被广泛地应用。

3.2　大数据环境下的数据来源

随着传感器、智能可穿戴设备和社交技术的飞速发展,数据的组织形式变得越来越复杂。除了包含传统的关系数据库中的数据之外,大数据的数据格式还包括非结构化的社交网络数据、监控产生的视频音频数据、传感器数据、交通数据、互联网文本数据等各种复杂的数据。

3.2.1　传统商业数据

传统的商业数据结构相对比较简单,以结构化数据为主,主要来源于企业 ERP 系统、各种 POS 终端及网上支付系统等业务系统的数据,传统商业是主要的数据来源。

例如,沃尔玛详细记录了消费者的购买清单、消费额、购买日期、购买当天的天气和气温,通过对消费者的购物行为等结构化数据进行分析,发现商品关联,并优化商品陈列。沃尔玛不仅采集这些传统商业数据,还将数据采集的触角伸入社交网络。当用户在社交网络上谈论某些产品或者表达某些喜好时,这些数据都会被沃尔玛记录下来并加以利用。

亚马逊拥有全球零售业最先进的数字化仓库,通过对数据的采集、整理和分析,可以优化产品、开展精确营销和快速出货。另外,亚马逊的 Kindle 电子书积累了上千万本图书的数据,并完整记录着读者们对图书的标记和笔记,若对这些数据加以分析,亚马逊就能从中得知哪类读者对哪些内容感兴趣,从而给读者做出准确的图书推荐。

3.2.2　互联网数据

这里的互联网数据是指网络空间交互过程中产生的大量数据,包括通信记录及 QQ、微信、微博等社交媒体产生的数据,其数据复杂且难以被利用。互联网数据具有大量化、多样化、快速化等特点。

(1) 大量化。在信息化时代背景下,网络空间数据增长迅猛,数据集合规模已实现了从 GB 级别到 PB 级别的飞跃,目前,互联网产生的数据则需要通过 ZB 表示。

(2) 多样化。互联网数据的类型多样化,包括结构化数据、半结构化数据和非结构化数据。

(3) 快速化。互联网数据一般以数据流形式快速产生,且具有动态变化的特征,其时效性要求用户必须准确掌握互联网数据流,以便更好地利用这些数据。

互联网是大数据信息的主要来源,能够采集什么样的信息、采集到多少信息及哪些类型的信息直接影响着大数据应用功能最终效果的发挥。信息数据采集需要考虑采集量、采集速度、采集范围和采集类型。信息数据采集速度可以达到秒级甚至还能更快;采集范围涉及微博、论坛、博客,新闻网、电商网站、分类网站等各种网页;采集类型包括文本、数据、URL、图片、视频、音频等。

3.2.3 物联网数据

物联网指在计算机互联网的基础上，利用射频识别（Radio Frequency IDentification，RFID）、传感器、红外感应器、无线数据通信等技术，构造一个覆盖世界上万事万物的 The Internet of Things，也就是“实现物物相连的互联网络”。其内涵包含两个方面：一是物联网的核心和基础仍是互联网，是在互联网基础之上延伸和扩展的一种网络；二是其用户端延伸和扩展到了任何物品与物品之间。

物联网的定义：通过射频识别装置、传感器、红外感应器、全球定位系统、激光扫描器等信息传感设备，按约定的协议，把任何物品与互联网相连接，以进行信息交换和通信，从而实现智慧化识别、定位、跟踪、监控和管理的一种网络体系。物联网数据是除了人和服务器之外，在射频识别、物品、设备、传感器等节点产生的大量数据，包括射频识别装置、音频采集器、视频采集器、传感器、全球定位设备、办公设备、家用设备和生产设备等产生的数据。

物联网数据的主要特点：数据量更大、传输速率更高、数据更加多样化，以及对数据真实性的要求更高。

3.3 常用的数据采集方法

数据采集（DAQ）又称为“数据获取”或“数据收集”，是指从传感器和其他待测设备等模拟和数字被测单元中自动采集非电量或者电量信号，送到上位机中进行分析、处理。数据采集主要是对现实世界进行采样，以便产生可供计算机处理的数据的过程。

针对不同种类的数据来源，数据采集方式也不尽相同。针对内部数据，可以采用查询数据库的方式获取到所需要的数据。针对互联网数据，采集数据的主要途径是通过互联网搜索引擎或者爬虫工具等，通过输入搜索关键字或者采取一定的抓取规则来获取所需要的数据信息。针对市场调研数据，如果是互联网问卷调查则只需要进行查询或者执行数据库导出操作。

数据采集技术是数据科学的重要组成部分，已广泛应用于国民经济和国防建设的各个领域。并且随着科学技术的发展，尤其是计算机技术的发展和普及，数据采集技术具有更广泛的发展前景。大数据的采集技术为大数据处理的关键技术之一。

3.3.1 系统日志的采集方法

很多互联网企业都有自己的海量数据采集工具，多用于系统日志采集，如 Facebook 公司的 Scribe、Hadoop 平台的 Chukwa、Cloudera 公司的 Flume 等。这些工具均采用分布式架构，能满足每秒数百兆的日志数据采集和传输需求。

1. Scribe

Scribe 是 Facebook 公司开源的日志收集系统，在 Facebook 公司内部已经得到大量的应用。Scribe 可以从各种日志源上收集日志，存储到一个中央存储系统（网络文件系统或分布式文件系统等），以便进行集中的统计分析处理。Scribe 为日志的“分布式收集，统一处理”提供了一个可扩展的、高容错的方案。Scribe 架构如图 3-3 所示。

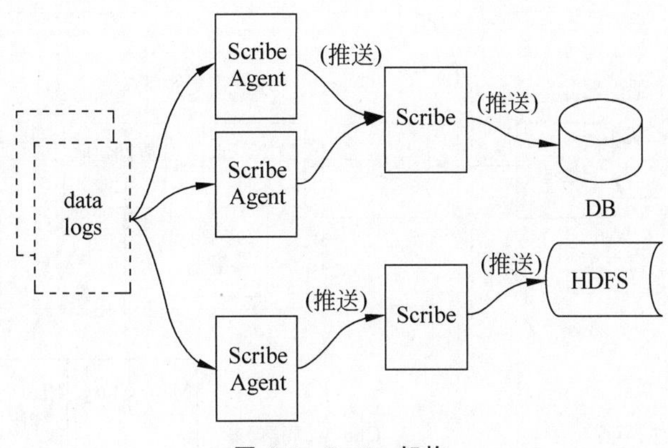

图 3-3　Scribe 架构

Scribe 的架构比较简单，主要包括三部分，分别为 Scribe Agent、Scribe 和存储系统。

Scribe Agent 实际上是一个 Thrift Client，也是向 Scribe 发送数据的唯一方法。Scribe 内部定义了一个 Thrift 接口，用户使用该接口将数据发送给不同的对象。Scribe Agent 发送的每条数据记录包含一个种类（Category）和一条信息（Massage）。

Scribe 接收 Thrift Agent 发送的数据，它从各种数据源上收集数据，放到一个共享队列上，然后推送到后端的中央存储系统上。当中央存储系统出现故障时，Scribe 可以暂时把日志写到本地文件中，待中央存储系统恢复性能后，Scribe 再把本地日志续传到中央存储系统上。Scribe 在处理数据时根据种类将不同主题的数据存储到不同目录中，以便分别进行处理。

存储系统实际上就是 Scribe 中的存储，当前 Scribe 支持非常多的存储类型，包括文件、缓冲器或数据库。

2. Chukwa

Chukwa 提供了一种对大数据量日志类数据的采集、存储、分析和展示的全套解决方案和框架。在数据生命周期的各个阶段，Chukwa 能够提供近乎完美的解决方案。Chukwa 可以用于监控大规模（2000 个以上节点，每天产生数据量为 TB 级别）Hadoop 集群的整体运行情况并对它们的日志进行分析。Chukwa 架构如图 3-4 所示。

Chukwa 中主要有 3 种角色，分别为适配器（Adapter）、代理（Agent）和收集器（Collector）。下面对 Chukwa 中各角色的功能进行简单介绍。

1）适配器

适配器是直接采集数据的接口和工具。每种类型的数据对应一个适配器，目前包括的数据有命令行输出、日志文件和 HttpSender 等。同时用户也可以自己实现一个适配器来满足需求。

2）代理

代理给适配器提供各种服务，包括启动和关闭适配器、将适配器收集的数据通过 HTTP 传递给收集器，并定期记录适配器的状态，以便适配器出现故障后能迅速恢复。一个代理可以管理多个适配器。

3）收集器

它负责对多个数据源发来的数据进行合并，并定时写入集群。因为 Hadoop 集群擅长

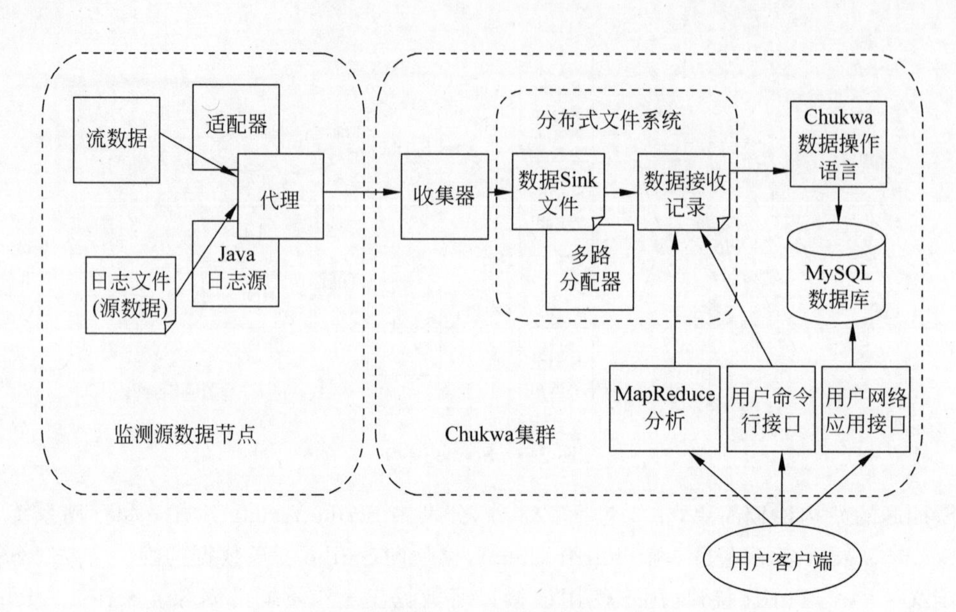

图 3-4 Chukwa 架构

处理少量的大文件，而对大量小文件的处理则不是它的强项。针对这一点，收集器可以将数据先进行部分合并，再写入集群，防止大量小文件的写入。

4）多路分配器

它利用 MapReduce 对数据进行分类、排序和去重。

5）存储系统

Chukwa 采用 HDFS 作为存储系统。HDFS 的设计初衷是支持大文件存储和小并发高速写的应用场景，而日志系统的特点恰好相反，它需要支持高并发低速率的写和大量小文件的存储，因此 Chukwa 架构使用多个部件，使 HDFS 满足日志系统的需求。

6）数据展示

Chukwa 不是一个实时错误监控系统，但它能够展示集群中作业运行的时间、占用的 CPU 及故障节点等整个集群的性能变化，能够帮助集群管理者监控和解决问题。

3. Flume

Flume 是 Cloudera 公司提供的分布式、可靠和高可用的海量日志采集、聚合和传输的系统。Flume 支持在日志系统中定制各类数据发送方，用于收集数据；同时，Flume 提供对数据进行简单处理，并写到各种数据接收方（可定制）的能力。

Flume 可以被看作是一个管道式的日志数据处理系统，其中数据流由事件（Event）贯穿始终。事件是 Flume 的基本数据单位，它包含日志数据并且携带消息头，其中日志数据由字节数组组成，这些事件由外部数据源生成。

Flume 运行的核心是代理。Flume 以代理为最小的独立运行单位，一个代理就是一个 JVM。在实际日志系统中，Flume 由多个代理串行或并行组成，完成不同日志数据的分析。每个代理是一个完整的数据收集工具，并包含 3 个核心组件，但一个代理可以包含多个数据源（Source）、缓冲区（Channel）或汇聚节点（Sink）。Flume 的核心结构如图 3-5 所示。

数据源是数据的收集端，负责将数据采集后进行特殊的格式化，将数据封装到事件中，

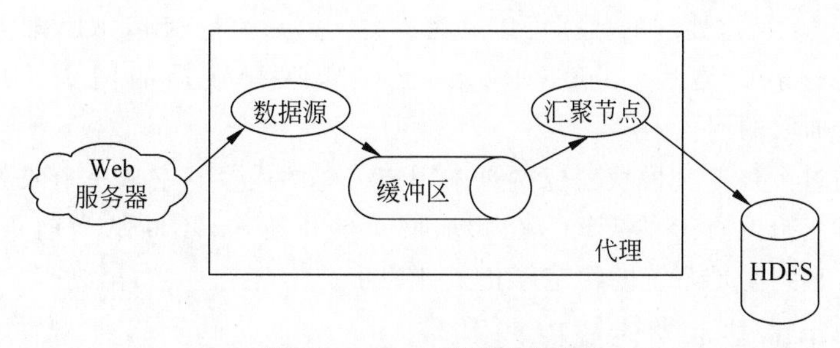

图 3-5　Flume 的核心结构

然后将事件推入缓冲区中。Flume 提供了很多内置的数据源类型，支持 Avro、Log4j、Syslog、UNIX 终端输出和 HTTP Post 等不同格式的数据源，可以让应用程序同已有的数据源直接打交道。如果内置的数据源无法满足需求，用户可自定义数据源。

缓冲区是连接数据源和汇聚节点的组件，人们可以将它看作一个数据的缓冲区，它可以将事件暂存到内存中，也可以持久化存储到本地磁盘上，直到汇聚节点处理完该事件。缓冲区支持将数据存在内存、JDBC、文件等其他持久化存储系统中。

汇聚节点从缓冲区中取出事件，然后将数据发送到别处（可以是文件系统、数据库、HDFS，也可以是其他代理的数据源）。在日志数据较少时，它可以将数据存储在文件系统中，并且设定一定的时间间隔定时保存数据。

Flume 使用事务性的方式保证传送事件整个过程的可靠性。汇聚节点必须在事件被存入缓冲区后，或者已经被传送到下一个目的地，才能把事件从缓冲区中删除掉，这里的目的地包括下一个代理、HDFS 等。这样数据流中的事件无论是在一个代理中还是在多个代理之间流转，都能保证可靠，因此以上的事务性保证了事件被成功存储起来。例如，Flume 支持在本地保存一份文件缓冲区作为备份，当缓冲区将事件存在内存队列中时，虽然处理速度快，但丢失的话将无法恢复，这时可以将备份的数据进行恢复使用。

3.3.2　网页数据的采集方法

网络数据采集称为“网页抓屏”“数据挖掘”或“网络收割”，通过网络爬虫（Crawler）程序实现。网络爬虫一般是先“爬”到对应的网页上，再把需要的信息“铲”下来。网络爬虫作为搜索引擎的基础构件之一，是搜索引擎的数据来源。网络爬虫的性能直接决定了系统的及时更新程度和内容的丰富程度，直接影响着整个搜索引擎的效果。下面从几个方面对网络爬虫进行介绍。

1. 网络爬虫的重要组成模块

网络爬虫可以获取互联网中网页的内容。它需要从网页中抽取用户需要的属性内容，并对抽取出的数据进行处理，转换为适应需求的格式存储下来，供后续使用。网络爬虫采集和处理数据包括如下 3 个重要模块。

（1）采集模块：负责从互联网上爬取网页，并抽取需要的数据，包括网页内容的抽取和网页中链接的抽取。

（2）数据处理模块：对采集模块获取的数据进行处理，包括对网页内容的格式转换和链接的过滤。

(3) 数据模块：经过处理的数据可以分为3类。第一类是SiteURL，即需要爬取数据的网站URL信息；第二类是SpiderURL，即已经爬取过数据的网页URL；第三类是Content，即经过抽取的网页内容。

网络爬虫通过上述3个模块获取网页中用户需要的内容。它从一个或若干初始网页的URL开始，获得初始网页上的URL，在爬取网页的过程中，不断从当前页面上抽取新的URL放入队列，直到满足系统的特定停止条件为止。

2. 网络爬虫的基本工作流程

网络爬虫的基本工作流程如图3-6所示。具体步骤如下所述。

(1) 从SiteURL中抽取一个或多个目标链接写入URL队列，作为爬虫爬取信息的起点。

(2) 爬虫的网页分析模块从URL队列中读取链接。

(3) 从Internet中获取该链接的网页信息。

(4) 从网页内容中抽取所需属性的内容值。

(5) 将获取的网页内容值写入数据库的Content，并将此URL存入SpiderURL。

(6) 从当前网页中抽取新的网页链接。

(7) 从数据库中读取已经爬取过内容的网页地址，即SpiderURL中的链接地址。

(8) 将抽取出的URL和已经爬取过的URL进行比较，以过滤URL。

(9) 如果该网页地址没有被爬取过，则将该地址写入SiteURL；如果该地址已经被爬取过，则放弃存储此网页链接。

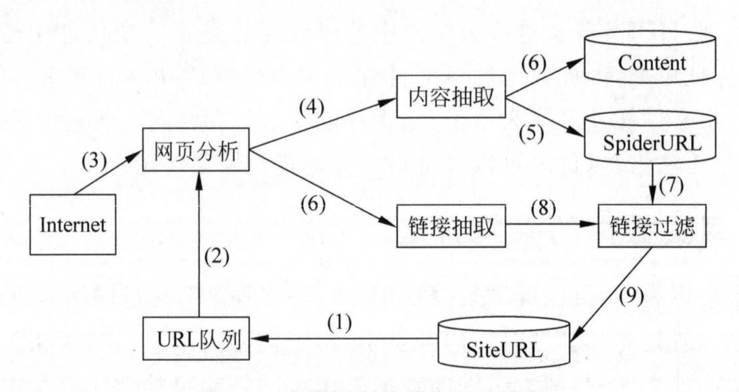

图3-6 网络爬虫的基本工作流程

3. 爬虫的网页爬取策略

网络爬虫从网站首页获取网页内容和链接信息后，会根据一定的搜索策略从队列中选择下一步要爬取的网页URL，并重复执行上述过程，直至达到爬虫程序满足某一条件时才停止。因此，待爬取URL队列是爬虫很重要的一部分。待爬取URL队列中的URL以何种顺序排列是一个很重要的问题，因为涉及先爬取哪个页面，后爬取哪个页面。而决定这些URL排列顺序的方法叫作爬取策略。一般一个网页会存在很多链接，而链接指向的网页中又会有很多链接，甚至有可能两个网页中又包含了同一链接等，这些网页链接的关系可以看作一个有向图，如图3-7所示。

网络爬虫的性能高低关键在于网络爬虫的爬取策略，即网络爬虫在获取到URL之后

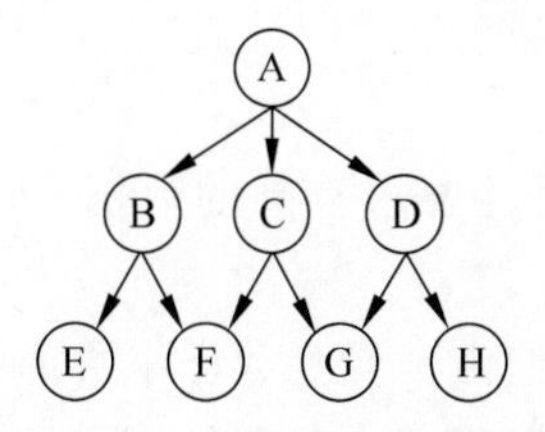

图 3-7　URL 关系有向图及爬取策略

在待爬取 URL 中应该采用什么策略进行爬取。常见的爬取策略有深度优先遍历策略、宽度优先遍历策略、反向链接数策略、OPIC(On-Line Page Importance Computation)策略、大站优先策略等。下面对几种典型的爬取策略进行简单介绍。

1) 深度优先遍历策略

深度优先遍历策略指网络爬虫会从起始页开始,逐个链接地跟踪下去,处理完这条线路之后再转入下一个起始页,继续跟踪链接。如图 3-7 所示,从首页 A 开始,A 网页有 B 链接,先爬取 B 网页;而 B 网页包含链接 E 和 F,接着爬取 E 链接;当网页 E 中不再有链接时则爬取 B 中的链接 F。对网页 B 中的链接爬取完后再对 C 和 D 网页采用同样的深度遍历方法进行爬取。深度优先遍历策略尽可能对纵深方向进行搜索,直至所有链接被爬取完毕。

2) 宽度优先遍历策略

宽度优先遍历策略的基本思想是将首页中发现的链接直接插入待爬取 URL 队列的末尾,即网络爬虫会先爬取起始网页中所有的链接网页,然后再选择其中的一个链接网页,继续爬取在此网页中链接的所有网页。如图 3-7 所示的宽度优先遍历路径,首先爬取 A 网页中的链接 B、C 和 D 的网页内容,然后再选取网页 B 中的所有链接 E 和 F 进行爬取,最后再依次获取 C 和 D 中所有的链接的内容。

3) 反向链接数策略

反向链接数是一个网页被其他网页链接指向的数量。反向链接数表示的是一个网页的内容受到其他人推荐的程度。因此,很多时候搜索引擎的爬取系统会使用这个指标来评价网页的重要程度,从而决定不同网页的爬取先后顺序。

4) OPIC 策略

OPIC 的核心思想是,一般情况下如果一个网页被别的网页指向的次数越多,那么这个网页就越重要。体现在爬取策略上就是对页面的重要性进行打分。在算法开始前,给所有页面一个相同的初始值,即认为此时网页的重要程度相同。当下载了某个页面之后,将该页面的值平均分配给所有从该页面中分析出的链接,对于待爬取 URL 队列中的所有页面按照值的大小进行降序排序,值大的优先爬取。

5) 大站优先策略

大站优先策略基于这样一个前提,即一般情况下影响力较大的网站网页的质量会比其他影响力较小的网站网页质量高。例如,人们日常生活中购物时总是会在潜意识中认为在亚马逊或者京东购物会比一些小型购物网站购物要安全、可靠得多。对网页中待爬取的 URL 依照所属网站的影响力或者其他量化标准进行排名,影响力大的优先爬取,这就是大站优先策略。

3.3.3 其他数据的采集方法

对企业生产经营数据或学科研究数据等保密性要求较高的数据，可以通过与企业或研究机构合作，使用特定系统接口等相关方式采集。

尽管大数据技术层面的应用可以无限广阔，但由于受到数据采集的限制，能够用于商业应用、服务于人们的数据要远远小于理论上大数据能够采集和处理的数据。因此，解决大数据的隐私问题是数据采集技术的重要目标之一。现阶段的医疗机构数据更多来源于内部，外部的数据没有得到很好的应用。对外部数据，医疗机构可以考虑借助如百度、腾讯等公司第三方数据平台解决数据采集难题。

例如，百度公司推出的疾病预测大数据产品，可以对全国不同的区域进行全面监控，智能化地列出某一地级市和区域的流感、肝炎、肺结核、性病等常见疾病的活跃度、趋势图等，提示人们有针对性地进行预防，从而降低染病的概率。

在医疗领域，大数据的应用可以更加快速、清楚地预测疾病发展的趋势，这样在大规模暴发疾病时，人们能够提前做好预防措施和医疗资源的储蓄与分配，优化医疗资源配置。

3.4 大数据时代的存储管理系统

在计算机中，目前已经被广泛使用的存储管理系统有普通的文件系统、键值数据库和关系数据库。在大数据时代，普通 PC 的存储容量已经无法满足大数据需求，需要进行存储技术的变革，人们采用分布式平台来存储大数据。

3.4.1 文件系统

文件系统是操作系统用于明确存储设备（常见的是磁盘，也有基于 Nand Flash 的固态硬盘）或分区上的文件的方法和数据结构，即在存储设备上组织文件的方法。操作系统中负责管理和存储文件信息的软件机构称为文件管理系统，简称文件系统。文件系统由 3 部分组成：文件系统的接口、对对象操纵和管理的软件集合、对象及属性。从系统角度来看，文件系统是对文件存储设备的空间进行组织和分配，负责文件存储并对存入的文件进行保护和检索的系统。具体地说，它负责为用户建立文件，存入、读出、修改、转储文件，控制文件的存取，当用户不再使用时撤销文件等。

DOS、Windows、OS/2、Macintosh 和基于 UNIX 的操作系统都有文件系统。在此系统中，文件被放置在分等级的（树状）结构中的某一处。文件被放进目录（Windows 中的文件夹）或子目录。文件系统是软件系统的一部分，它的存在使应用可以方便地使用抽象命名的数据对象和大小可变的空间。

3.4.2 分布式文件系统

分布式文件系统（Distributed File System，DFS）是指文件系统管理的物理存储资源不一定直接连接在本地节点上，而是通过计算机网络与节点（可简单地理解为一台计算机）相连，或是若干不同的逻辑磁盘分区或卷标组合在一起而形成的完整的有层次的文件系统。DFS 为分布在网络上任意位置的资源提供一个逻辑上的树形文件系统结构，从而使用户访问分布在网络上的共享文件更加简便。分布式文件系统比普通文件系统更为复杂,例如,使文件系统能够容忍节点故障且不丢失任何数据,就是一个很大的挑战。

1. 分布式文件系统简介

分布式文件系统把文件分布存储到多个计算机节点上,成千上万的计算机节点构成计算机集群。与以前使用多个处理器和专用高级硬件的并行化处理装置不同的是,目前的分布式文件系统所采用的计算机集群都是由普通硬件构成的,这就大大降低了硬件上的成本开销。计算机集群的基本架构如图 3-8 所示。

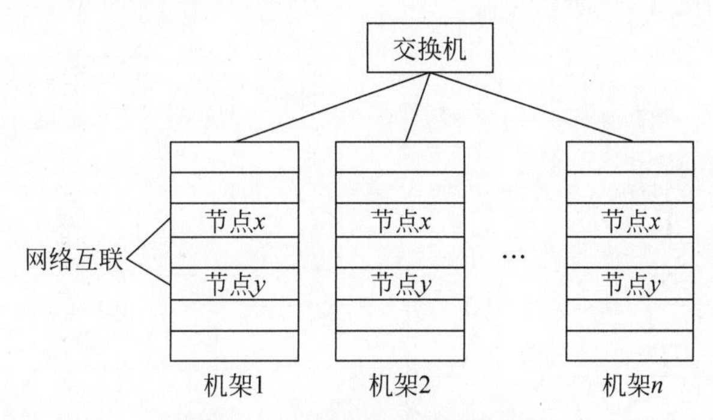

图 3-8 计算机集群的基本架构

2. 分布式文件系统的整体结构

分布式文件系统在物理结构上是由计算机集群中的多个节点构成的。这些节点分为两类:一类叫主节点(Master Node),也被称为名称节点(Name Node);另一类叫从节点(Slave Node),也被称为数据节点(Data Node)。分布式文件系统的整体结构如图 3-9 所示。

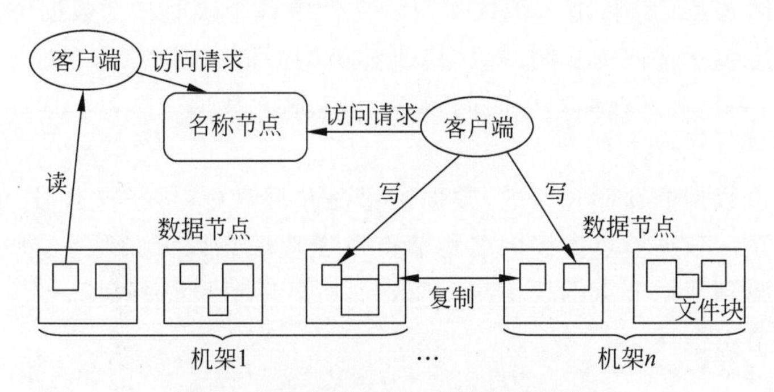

图 3-9 分布式文件系统的整体结构

3. Hadoop 分布式文件系统(HDFS)

Hadoop 是 Apache 软件基金会旗下的一个分布式系统基础架构。Hadoop 框架最核心的设计就是 HDFS 和 MapReduce,为海量的数据提供存储和计算。MapReduce 主要运用于分布式计算,HDFS 主要用于海量数据的存储。HDFS 是一个分布式文件系统,具有高容错的特点。它可以部署在廉价的通用硬件上,提供高吞吐率的数据访问,适合那些需要处理海量数据集的应用程序。

HDFS 使用的是传统的分级文件体系,因此,用户可以像使用普通文件系统一样,创建、删除目录和文件，在目录间转移文件、重命名文件等。在 HDFS 中，一个文件被分成多个块，以数据块作为存储单位。块的优势主要有支持大规模文件存储、简化系统设计、适合数据备份等。

HDFS 采用了主从(Master/Slave)结构模型，一个 HDFS 集群包括一个名称节点和若干数据节点。名称节点作为中心服务器，负责管理文件系统的命名空间及客户端对文件的访问。集群中的数据节点负责处理客户端的读写请求，在名称节点的统一调度下进行数据块的创建、删除和复制等操作。每个数据节点的数据实际上是保存在本地文件系统中的。HDFS 的体系结构如图 3-10 所示。

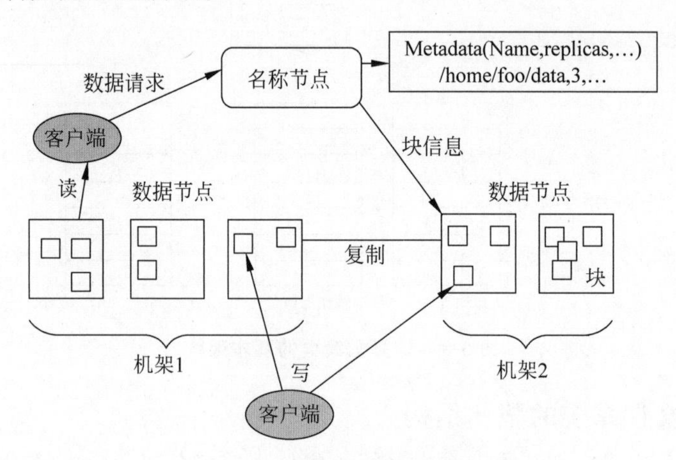

图 3-10 HDFS 的体系结构

1) 名称节点

名称节点存储元数据，元数据被保存在内存中(磁盘上也保存了一份)，保存文件块、数据节点之间的映射关系；名称节点记录了每个文件中各个块所在的数据节点的位置信息。

元数据的内容包括文件的复制等级、修改和访问时间、访问权限、块大小及组成文件的块。对目录来说，名称节点存储修改时间、权限和配额元数据。

2) 数据节点

数据节点负责数据的存储和读取，数据被保存在磁盘中，维护文件块 ID 到数据节点本地文件的映射关系。数据节点定期向名称节点发送块信息以保持联系，如果名称节点在一定的时间内没有收到数据节点的块信息，则认为数据节点已经失效了，名称节点会复制其上的块到其他数据节点。

3.4.3 数据库系统

数据库(Data Base，DB)顾名思义就是存放数据的仓库。数据库是存在于计算机中，以一定的方式存放数据的仓库。严格意义上来讲，数据库是长期存储在计算机内、有组织的、可共享的大量数据的集合。数据库家族如图 3-11 所示。

1. 关系数据库

1) 关系模型中常用的术语

关系模型的结构非常简单，其核心概念是将现实世界的实体以及实体之间的关系表示为单一的结构类型，即关系。从用户观点来看，关系模型由一组关系组成，每个关系都可以

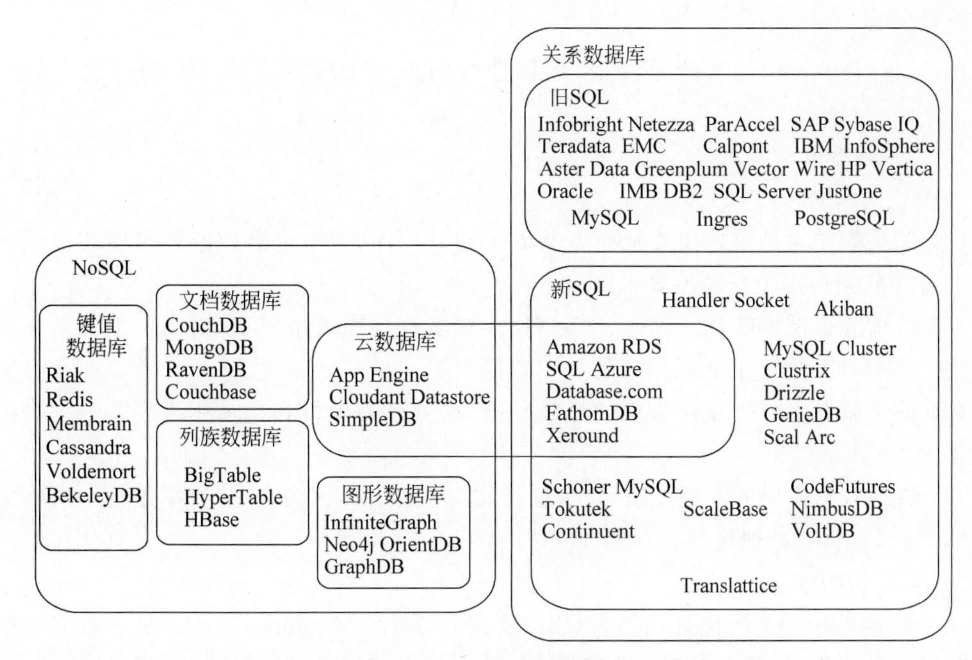

图 3-11 数据库家族

具体为一张规范化的二维表。一张张二维表的集合就构成了关系数据库。关系模型中常用的术语有关系、元组、属性、域、码等。例如，职工基本信息表如表 3-1 所示。

表 3-1 职工基本信息表

编 号	姓 名	年 龄	部 门	入职时间
001	张三	26	研发部	20190826
002	李四	34	运维部	20200530
003	王五	20	销售部	20210205

(1) 关系。

关系(Relationship)常用来表示一张数据库表。例如，职工管理系统中职工基本信息表(见表 3-1)等。

(2) 元组。

元组(Tuple)常用来表示表中的一行。例如，职工管理系统中职工基本信息表(见表 3-1)中编号为 001 的行就是一个元组。

(3) 属性。

表中的一列即为一个属性(Attribute)。例如，职工管理系统中职工基本信息表(见表 3-1)中的"姓名"列，其中属性的名称"姓名"为属性名，即职工基本信息表中有 5 个属性名，分别为编号、姓名、年龄、部门、入职时间。

(4) 域。

域(Domain)是一组具有相同属性的值的集合。人们可以把域理解为一个取值范围，就好像人们了解的数学中的作用域的概念，例如{'男','女'}、自然数等都可以称为域。

(5) 码。

码(Key)表示表中的某个属性组,该属性组的每一个属性可以唯一确定表中的一个元组。

2) 关系数据库的特点

关系数据库的特点如下。

(1) 关系数据库是建立在关系模型基础上的数据库,现实世界中的各种实体以及实体之间的各种联系均用关系模型来表示。

(2) 所谓关系模型就是一对一、一对多、多对多等二维表格模型,因而一个关系数据库就是由二维表及其之间的联系组成的一个数据组织。

(3) 关系数据库以行和列的形式存储数据,这一系列的行和列被称为表。一组表组成了数据库。

(4) 关系数据库中的数据是按照"数据结构"来组织的,因为有了"数据结构",所以关系数据库中的数据是"条理化"的。

3) SQL 的构成

关系数据库采用结构化查询语言(Structured Query Language,SQL)来对数据库中的数据和表进行查询、更新和管理。SQL 由 4 部分构成,即数据库定义语言(Data Definition Language,DDL)、数据库操纵语言(Data Manipulation Language,DML)、数据库控制语言(Data Control Language,DCL)和其他,各个部分的主要功能如下。

(1) 数据库定义语言。

数据库定义语言主要用来进行定义数据库的逻辑结构,如表、视图、索引等,主要包含定义、修改和删除 3 方面内容,用到的关键字为 CREATE、DROP 和 ALTER。

(2) 数据库操纵语言。

数据库操纵语言主要用来对数据库的数据进行操作和更新。一般用到的关键字为 INSERT、UPDATE、DELETE。

(3) 数据库控制语言

数据库控制语言主要用于数据库对象授权、用户维护等,主要使用的关键字为 GRANT、REVOKE。

(4) 其他。

其他主要针对 SQL 的一些特殊应用,如嵌入式 SQL、SQL 的扩展功能等。除此之外 SQL 查询主要使用的关键字为 SELECT,在面对复杂查询的时候还可能会用到 JOIN 等,为了保证事务的一致性等还会用到存储过程。

2. 非关系数据库

非关系数据库也被称为 NoSQL 数据库。传统的关系数据库管理系统(RDBMS)是通过 SQL 这种标准语言来对数据库进行操作的。而相对地,NoSQL 数据库并不使用 SQL。因此,有时候人们会将其误认为是对使用 SQL 的现有 RDBMS 的否定,并将要取代 RDBMS,而实际上却并非如此。NoSQL 数据库是对 RDBMS 所不擅长的部分进行的补充,因此应该理解为 Not only SQL 的意思。NoSQL 数据库和 RDBMS 之间的主要区别如表 3-2 所示。

表 3-2 NoSQL 数据库和 RDBMS 之间的主要区别

项目	NoSQL	RDBMS
数据类型	主要是非结构化数据	结构化数据
数据库结构	不需要事先定义，并可以灵活改变	需要事先定义，是固定的
数据一致性	存在临时的不保持严密一致性的状态	通过 ACIO 特性保持严密的一致性
扩展性	通过横向扩展。可以在不降低性能的前提下应对大量访问，实现线性扩展	基本是向上扩展。由于需要保持数据的一致性，因此性能下降明显
服务器	以分布、协作式工作为前提	以在一台服务器上工作为前提
故障容忍性	有很多无单一故障点的解决方案，成本低	为了提高故障容忍性需要很高的成本
查询语言	支持多种非 SQL	SQL
数据量	（和 RDSMS 相比）较大规模数据	（和 NoSQL 相比）较小规模数据

NoSQL 数据库在特定的场景下可以发挥出难以想象的高效率和高性能。一般把非关系数据库划分为 4 大类，即键值数据库、列存储数据库、文档型数据库和图形数据库。下面分别简要介绍。

1）键值数据库

键值(Key-Value)数据库使用简单的键值方法来存储数据。键值数据库将数据存储为键值对集合，其中键作为唯一标识符。键和值都可以是从简单对象到复杂复合对象的任何内容。键值数据库是高度可区分的，并且允许以其他类型的数据库无法实现的规模进行水平扩展。

键值数据库最典型的代表是 Redis。Redis 是一个高性能的键值数据库，支持存储字符串(String)、链表(List)、集合(Set)和哈希(Hash)类型。对于这些类型都支持数据库集合运算和增、删、查、改等其他操作，而且这些操作都是原子性的。除此之外，Redis 还支持主从同步。

2）列存储数据库

和传统关系数据库按行存储数据的数据组织方式不同，列存储数据库采用按列存储的方式来组织存储数据。列存储数据库主要适合于批量数据处理和即时查询。

Apache 的 HBase 就是一款典型的列存储数据库。HBase 是一款可伸缩的、高可靠性的、分布式 Hadoop 数据库。HBase 在 Hadoop 上提供了类似于谷歌的 Big Table 分布式数据存储系统的能力，利用 Hadoop 的分布式文件系统作为其文件存储系统。利用 HBase 可以实现大规模结构化存储集群的搭建和应用。

3）文档型数据库

文档型数据库是主要用来存储和管理大量结构化文档的数据库系统，其设计灵感来源于 Lotus Notes 办公软件。文档型数据库主要的存储格式有人们所熟知的 XML、HTML、JSON 等。关系数据库在数据库设计阶段需要事先规定好每一个字段的数据类型，这导致数据库中的每一条数据记录都有相同的数据类型，在数据库使用过程中修改字段的数据类型非常困难。文档型数据库通过存储的数据获知其数据类型，通常文档型数据库会把相关联类型的数据组织在一起，并且允许每条数据记录和其他数据记录格式不同。

4）图形数据库

图形数据库也是非关系数据库的一种类型，它应用图形理论存储实体之间的关系信息，为某一图形问题提供了良好的数据库存储与数据处理解决方案。以最常见的社交网络中人与人的关系信息为例，使用传统关系数据库存储社交网络数据的效果并不理想，难以查询及深度遍历大量复杂且互连接的数据，响应时间缓慢且超出预期，而图形数据库的特点恰到好处地填补了这一短板。作为 NoSQL 的一种类型，图形数据库很长一段时间都局限于学术与实验室。随着社交网络 Facebook、电子商务以及资源检索等领域的发展，急需一种可以处理复杂关联的存储技术，而采用图形数据库组织存储、计算分析挖掘低结构化且互连接的数据则更为有效，因此图形数据库也逐渐从实验室走出，得到更广泛的应用。

3.4.4 云存储

随着 Internet 技术的快速推进、数据量的急剧增长，对存储系统提出了更高的要求——更大存储容量、更强的性能、更高的安全性级别、进一步智能化等。传统的存储区域网络(Storage Area Network，SAN)或网络附属存储(Network Attached Storage，NAS)技术面对 PB 级甚至 EB 级海量数据，存在容量、性能、扩展性和费用上的瓶颈，已经无法满足新形势下数据存储的要求。因此，为了应对不断变大的存储容量、不断加入的新型存储设备、不断扩展的存储系统规模，云存储作为一种全新的解决方案被提出。

1. 云存储的概念及特性

云存储是一种网上在线存储的模式，即把数据存放在由第三方托管的多台虚拟服务器中，而非专属的服务器上。托管(Hosting)公司运营大型的数据中心，需要数据存储托管的人向数据中心购买或租赁存储空间来满足数据存储的需求；数据中心运营商根据客户的需求，在后端准备存储虚拟化的资源，并将其以存储资源池(Storage Pool)的方式提供给客户，客户便可自行使用此存储资源池来存放文件或对象。实际上，这些资源可能被分布在众多的服务器主机上。

从技术角度来说，云存储是指通过集群技术、网络技术或分布式技术等技术，将网络中大量各种不同类型的存储设备通过应用软件集合起来协同工作，共同对外提供数据存储和业务访问功能的一种技术。

以大化小、化整为零的思想是云存储技术的设计思想。从功能需求来看，云存储系统相比于传统的单一的存储功能来说，功能更加开放化和多元化；从数据管理上看，云存储需要处理的数据类型更多、数据量更大。总体来说，云存储有以下特性。

(1) 可靠性。

云存储采取将多个小文件分为多个副本的存储模式来实现数据的冗余存储，数据存放在多个不同的节点上，任意其他的节点发生数据故障时，云存储系统将会自动将数据备份到新的存储节点上，保证数据的完整性和可靠性。

(2) 安全性。

云存储服务商往往资金雄厚，因而有大量专业技术人员的日常管理和维护，从而保障云存储系统运行安全。通过严格的权限管理，运用数据加密、加密传输、防篡改、防攻击、实时监测等技术，降低了病毒和网络黑客入侵破坏的风险，确保数据不会丢失，为用户提供安全可靠的数据存储环境。

(3) 管理方便。

大部分数据都迁移到了云存储上之后，所有的数据的升级维护任务则由云存储服务提供商来完成，这样管理起来更加方便，同时也大大地降低了企业存储系统上的运营维护成本。

(4) 可扩展性。

云存储服务具有强大的可扩展性。当企业的发展加速以后，如果发觉公司现有的存储空间不足，就会考虑扩宽存储服务器的容量来满足现有业务的存储需求，而云存储服务的特性就可以很方便地在原有基础上扩展服务空间，满足需求。扩展存储需求意味着用户的成本提高，云存储提供商的管理复杂性增加，不仅要为存储本身提供可扩展性(功能扩展)，而且必须为存储带宽提供可扩展性(负载扩展)。

2. 云存储系统的结构模型

与传统的存储设备相比，云存储系统不仅仅是一个硬件，而且是一个由网络设备、存储设备、服务器、应用软件、公用访问接口、接入网和客户端程序等多个部分组成的复杂系统。各部分以存储设备为核心，通过应用软件来对外提供数据存储和业务访问服务。云存储系统的结构模型由存储层、基础管理层、应用接口层和访问层组成，如图 3-12 所示。

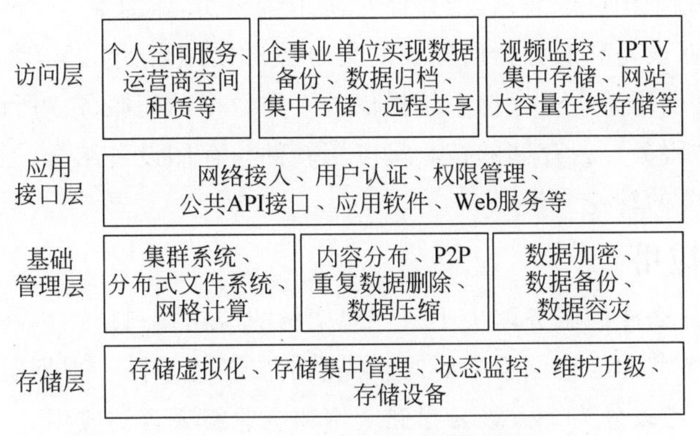

图 3-12　云存储系统的结构模型

1) 存储层

存储层是云存储最基础的部分。存储设备可以是 FC(光纤通道)存储设备，可以是 NAS 和 ISCSI 等 IP 存储设备，也可以是 SCSI 或 SAS 等 DAS 存储设备。云存储中的存储设备往往数量庞大且分布在不同的地域，彼此之间通过广域网、互联网或 FC 连接在一起。云存储系统对外提供多种不同的存储服务，各种存储服务的数据统一存放在云存储系统中，形成一个海量的数据池。

2) 基础管理层

基础管理层是云存储最核心的部分，也是云存储中最难以实现的部分。基础管理层通过集群、分布式文件系统和网格计算等技术，实现云存储中多个存储设备之间的协同工作，使多个存储设备可以对外提供同一种服务，并提供更大、更强、更好的数据访问性能。

内容分发网络(Content Delivery Network，CDN)使用户可就近取得所需内容，改善互联网拥挤的状况，提高用户访问网络的响应速度。数据加密技术保证云存储系统中的数据不会被未授权的用户访问，同时，通过各种数据备份、数据容灾技术和措施保证云存储中的数据不会丢失及云存储系统自身的安全和稳定。

3）应用接口层

应用接口层是云存储系统中最灵活多变的部分。云存储平台面向用户开发的应用服务接口称为公共API接口，包括数据存储服务、公共资源使用、数据备份功能等接口。服务提供商可以按照用户的业务需求开发对应的应用接口，授权用户可以在任何地方通过应用接口层提供的Web服务应用接口登录，利用云存储系统获取云存储服务，对系统资源进行管理和访问。应用接口层还包括网络接入、用户认证和权限管理等功能。

4）访问层

任何一个已授权的用户都可以在任何地方通过互联网的终端设备，根据运营商提供的访问接口或者访问手段登录云存储系统，接受云存储服务。访问层的主要功能包括个人空间服务、运营商空间租赁等，如访问控制、身份识别、安全隔离等；企事业单位可以通过访问层来实现数据备份、数据归档、集中存储、远程共享等；不同的云存储运营单位可以根据实际业务类型，开发不同的应用服务和移植现有的应用服务，如网络硬盘、视频点播、视频监控、远程数据备份等。

从云存储系统的结构可以看出，云存储对使用者来讲，不是某一个具体的设备，而是一个由许许多多个存储设备和服务器所构成的集合体。使用者使用云存储时，并不是使用某一个存储设备，而是使用整个云存储系统提供的一种数据访问服务。所以严格来讲，云存储不是存储，而是一种服务。云存储的核心是应用软件与存储设备结合，通过应用软件来实现存储设备向存储服务的转变。

3. 云存储的应用

云存储能提供什么样的服务取决于云存储架构的应用接口层中内嵌了什么类型的应用软件和服务。不同类型的云存储服务商对外提供的服务也不同。根据服务类型和面向的用户不同，云存储服务可以分为个人级云存储应用和企业级云存储应用。

1）个人级云存储应用

个人级云存储应用包括以下3种。

(1) 网盘。

一些小型的云盘，如百度网盘、360网盘等，可以在线存储大量的数据，服务商会给每个用户一定量大小的存储空间，如果用户需要更大的存储空间、更丰富的功能，则需要向服务商支付一定的费用购买。服务商通常提供两种访问网盘的方式：一种是Web页面访问；另一种是客户端软件访问。Web页面访问方式比较简单，用户可以直接通过浏览器上传或下载文件，对自己的数据进行存储和备份。而客户端软件访问需要用户到网盘对应的官方网站上下载相应的客户端来使用。

(2) 文档在线编辑。

经过这几年的快速发展，基于云存储的文档在线编辑应用得到了广泛应用。如今，编辑文档已经可以不需要在用户的PC端安装文本编辑软件，只要打开Web页面，使用部署在云端的在线编辑器软件(如谷歌的Docs)，登录相应的账号，就能查看到相应的存储在云端的文档，对文档进行编辑和修改，并将文档上传到云端。只要有网络，用户就可以随时随地访问保存在云端的文件并对其进行编辑，还可以通过云端的服务管理功能，实现文档共享和传送文档。文档在线编辑的这些功能对于移动办公有很大的帮助。

（3）网络游戏。

网络游戏要支持大量的用户进行连线对战，游戏开发商需要在全国各地部署很多服务器，管理运营成本很高。云计算和云存储可以代替现有的多服务器架构，使所有玩家都能集中在一个游戏服务器组的管理之下玩游戏。基于云存储管理和运营网络游戏，可以大幅提升游戏性能，并有效降低游戏开发商的运营成本。

个人级云存储的应用带动了企业级云存储的应用，越来越多的企事业单位都逐渐开始使用云存储来支撑业务的发展与数据的处理。

2）企业级云存储应用

企业级云存储应用包括以下3种。

（1）云存储空间租赁服务。

信息化时代的蓬勃发展产生了海量的数据，这些数据的存储与分析变成企业的新挑战。数据的存储需要大容量的存储设备，存储设备的管理与数据安全的保障又会让企业消耗大量的人力、物力、财力，一些小型企业难以支撑这么一大笔花费，而云存储可以很好地解决这些问题。企业只需要根据自己公司所产生的数据量，向云存储服务商购买相应的云存储空间，而数据的存储及安全性等问题就交由云存储服务商处理，这样企业可以专注于自己业务的发展，无须耗费成本在数据存储设备的购置、管理和维护上。

（2）企业级远程数据备份及容灾。

随着企业的数据规模不断增长，企业对数据安全的要求也越来越高。企业不仅可以租赁高性能、海量的云存储空间存储数据，云存储服务商还可以为企业提供数据备份来远程容灾，当企业本地数据发生了严重的事故（数据丢失、数据损毁）时，就可以通过远程的备份数据快速进行数据恢复，这样就避免造成无法挽回的损失。

（3）视频监控系统。

近些年来，电信和网通在全国各地建设了很多不同规模的网络视频监控系统，其终极目标是建设一个类似话音网络和数据服务网络一样的、遍布全国的视频监控系统，为所有用户提供远程（城区内的或异地的）的实时视频监控和视频回放功能，并通过此项服务来收取费用。但由于目前城市内部和城市之间网络条件的限制及视频监控系统存储设备规模的限制，类似系统一般都只能在一个城市内部，甚至一个城市的某一个区县内部来建设。

如果有一个全国性的云存储系统，并在这个云存储系统中内嵌视频监控平台管理软件，实现类似的服务将会变成一件非常简单的事情。系统的建设者只需考虑摄像头和编码器等前端设备，为每个编码器、摄像头分配一个带宽足够的接入网链接，通过接入网与云存储系统相连接，实时的视频信息就可以很方便地保存到云存储中，并通过视频监控平台管理软件实现视频的管理和调用。用户不仅可以通过电视墙或PC端来观看视频，还可以通过手机来远程观看实时视频。

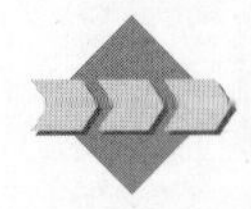

知识巩固与技能训练

一、名词解释

1. 数据　2. 网络爬虫　3. HDFS　4. 云存储

二、单选题

1. 当前社会中,最为突出的大数据环境是(　　)。

A. 互联网　　B. 物联网　　C. 商业　　D. 自然资源

2. 智能健康手环的应用开发,体现了(　　)的数据采集技术的应用。

A. 统计报表　　B. 网络爬虫　　C. API 接口　　D. 传感器

3. 数据仓库的最终目的是(　　)。

A. 收集业务需求　　B. 建立数据仓库逻辑模型

C. 开发数据仓库的应用分析　　D. 为用户和业务部门提供决策支持

4. 大数据时代,数据使用的关键是(　　)。

A. 数据收集　　B. 数据存储　　C. 数据分析　　D. 数据再利用

5. 一个网络信息系统最重要的资源是(　　)。

A. 数据库　　B. 计算机硬件

C. 网络设备　　D. 数据库管理系统

三、思考题

1. 大数据的来源有哪些?
2. 简述常用的数据采集方法。
3. 非关系存储系统有哪些?它们的特点是什么?
4. 具体描述云存储系统的结构模型。
5. 云存储服务系统的应用有哪些分类?请列举一些应用。
6. 简述云存储的特性。

第4章 数据可视化

导读案例

南丁格尔"极区图"

弗洛伦斯·南丁格尔(1820年5月12日—1910年8月13日,简称南丁格尔)是世界上第一个真正意义上的女护士,被誉为现代护理业之母,如图4-1所示。5·12国际护士节就是为了纪念她,这一天是南丁格尔的生日。除了在医学和护理界的辉煌成就外,实际上,南丁格尔还是一名优秀的统计学家——她是英国皇家统计学会的第一位女性会员,也是美国统计学会的会员。

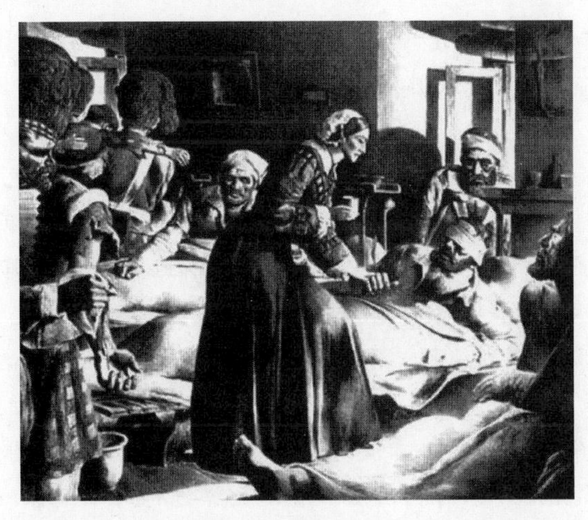

图4-1　南丁格尔

南丁格尔生活的时代,各个医院的统计资料非常不精确,也不一致,她认为医学统计资料有助于改进医疗护理的方法和措施。于是,在她编写的各类书籍、报告等材料中使用了大量的统计图表,其中最为著名的就是南丁格尔极区图(Polar Area Chart),也叫南丁格尔玫瑰图,如图4-2所示。

南丁格尔发现,战斗中阵亡的士兵数量少于因为受伤却缺乏治疗的士兵。为了挽救更

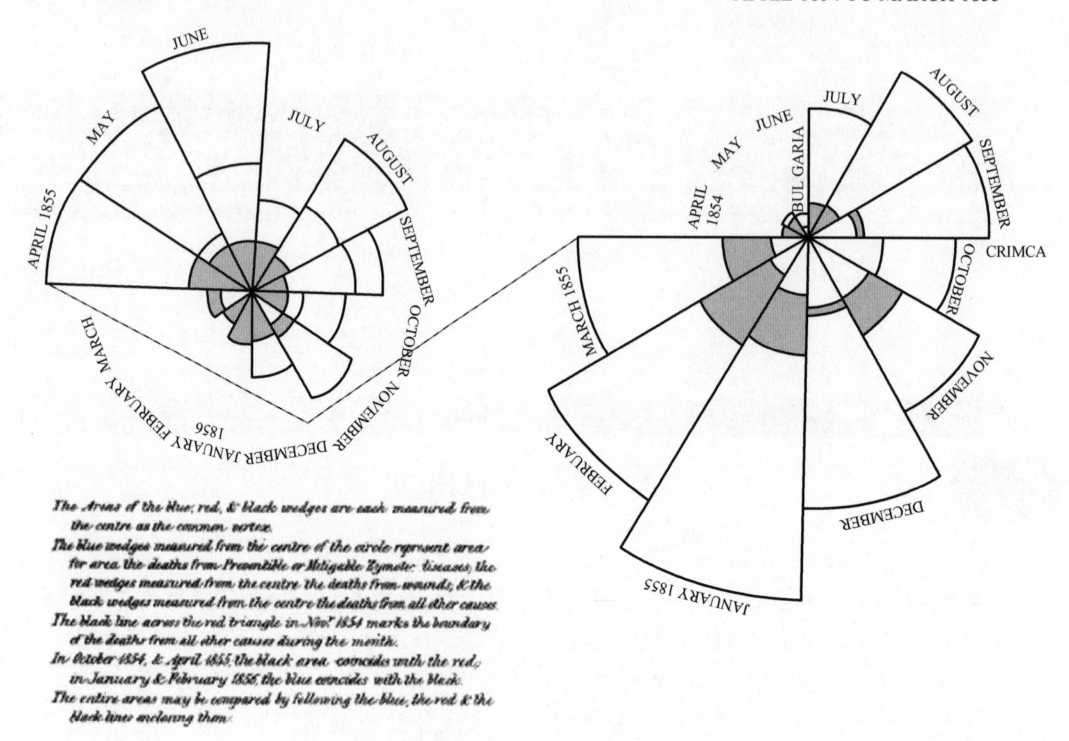

图 4-2 南丁格尔极区图

彩图展示

多的士兵，她在 1858 年画了这张东部军队（战士）死亡原因示意图（如想查看图 4-2 的彩色展示图请扫描左方二维码）。这张图描述了 1854 年 4 月—1856 年 3 月士兵死亡的情况，图 4-2 中的右图是 1854 年 4 月—1855 年 3 月的情况，图 4-2 中的左图是 1855 年 4 月—1856 年 3 月的情况，用蓝、红、黑三种颜色表示三种不同的情况，蓝色代表可预防和可缓解的疾病治疗不及时造成的死亡，红色代表战场阵亡，黑色代表其他原因的死亡。图中各扇区角度相同，用半径及扇区面积表示死亡人数，可以清晰地显示每个月因各种原因死亡的人数。显然，1854—1855 年，因医疗条件有限而造成的死亡人数远远大于战死沙场的人数，这种情况直到 1856 年年初才得到缓解。南丁格尔画的这张图“生动有力地说明了在战地开展医疗救护和促进伤兵医疗工作的必要性，打动了当局者，增加了战地医院，改善了军队医院的条件，为挽救士兵生命做出了巨大贡献”。

南丁格尔极区图是统计学家对利用图形展示数据进行的早期探索，南丁格尔的贡献，充分说明了数据可视化的价值，特别是在公共领域的价值。

4.1 数据可视化概述

提到数据分析，就一定会有数据可视化。因为字不如表，表不如图，图像可以更加直观、清晰地表达数值所无法表达的含义。可视化是数据分析的核心理念，人们往往会追求图表尽可能地具有美感，但是具有美感的图表不一定是有用的图表，两者之间不能画等号。

数据可视化的目的是让数据更高效，让读者快速了解数据而非只供自己使用。在突出数据背后的规律、突出重要因素的前提下再进行美观上的优化才是正确的选择。

4.1.1　什么是数据可视化

可视化的历史非常古老，古代天文学家绘制的星象图、音乐家古老的乐谱都可以归结为可视化。可视化通常被理解为一个生成图形、图像的过程。更深刻的认识是可视化是一个认知的过程，即形成某种事物的感知图像，强化人们的认知理解。正是基于这一点，可以认为可视化的终极目标是对事物规律的洞悉，而非所绘制的可视化结果本身。一般意义下可视化的定义：可视化是一种使复杂信息能够容易和快速被人理解的手段，是一种聚焦在信息重要特征的信息压缩，是可以放大人类感知的图形化表示方法。

在大数据时代，可视化日益受到重视并得到越来越广泛的应用。可视化可以应用到简单问题，也可以应用到复杂系统状态表示的问题。人们可以从可视化的表示中发现新的线索、新的关联、新的结构、新的知识，促进人机系统的结合，促进科学决策。

而数据可视化是指将数据以图形、图像形式表示，并利用数据分析和开发工具发现其中未知信息的处理过程。数据可视化表现是指将晦涩难懂的数据以一种更为友好的形式，如用图形、图像等进行表现。数据可视化表现的目的是让用户通过实际感触，在互动中与数据交流，进而理解数据，最终理解数据背后蕴含的知识、规律。

作为可视化表现的基础，数据可视化技术并不是简简单单地把一个数据表格变成一个数据视图，如折线图、饼状图、直方图等，数据可视化技术是把复杂的、不直观的、不清晰而难以理解的事物变得通俗易懂且一目了然，以便于传播、交流和沟通，以及进一步的研究。

4.1.2　可视化的发展历程

人类很早就引入了可视化技术辅助分析问题。1854 年，伦敦暴发霍乱，10 天内就有超过 500 人死亡，但比死亡更加让人恐慌的是“未知”，人们不知道霍乱的源头和感染分布。当时很多人认为霍乱是通过空气传播的，只有流行病专家约翰·斯诺意识到源头来自市政供水。于是他绘制了一张霍乱地图，分析了霍乱患者分布与水井分布之间的关系，发现有一口水井的供水范围内患者明显偏多，据此找到了霍乱暴发的根源是一口被污染的水井。人们把这个水井封闭之后，霍乱患者数量就开始明显下降。

数据可视化历史上的另一个经典之作是 1858 年“提灯女神”南丁格尔设计的极区图，它以图形的方式直观地呈现了英国在克里米亚战争中死亡的战士数量和死亡原因，有力地说明了改善军队医院的医疗条件对于减少战争伤亡的重要性。

20 世纪 50 年代，随着计算机的出现和计算机图形学的发展，人们可以利用计算机技术在计算机屏幕上绘制出各种图形、图表，可视化技术开启了全新的发展阶段。最初，可视化技术被大量应用于统计学领域，用来绘制统计图表，如圆环图、柱状图、饼图、直方图、时间序列图、等高线图、散点图等，后来，又逐步应用于地理信息系统、数据挖掘分析、商务智能工具等，有效促进了人类对不同类型数据的分析与理解。

随着大数据时代的到来，每时每刻都有海量数据在不断生成，需要人们对数据进行及时、全面、快速、准确的分析，呈现数据背后的价值，这就更需要可视化技术协助人们更好地理解和分析数据，可视化成为大数据分析最后的一环和对用户而言最重要的一环。

4.1.3 数据可视化的分类

数据可视化是可视化技术针对大型关系数据库或数据仓库的应用，它旨在用图形和图像的方式展示大型数据库中的多维数据，并且以可视化的形式反映对多维数据的分析及内涵信息的挖掘。数据可视化技术凭借计算机的巨大处理能力、计算机图像和图形学基本算法，以及可视化算法，把海量的数据转化为静态或动态图并呈现在人们的面前，并允许通过交互手段控制数据的抽取和画面的显示，使隐含于数据之中不可见的现象变得可见，为分析和理解数据、形成概念、找出规律提供了强有力的手段。

从纯技术角度来看，数据可视化大体可以分为5类：基于几何投影的数据可视化、面向像素的数据可视化、基于图标的数据可视化、基于层次的数据可视化及基于图形的数据可视化。

从实用角度来看，数据可视化大体可以分为3类：科学可视化、信息可视化和可视化分析学。

1. 科学可视化

1987年，在美国华盛顿召开的一次科学计算会议上，针对大数据处理问题，美国计算机成像专业委员会提出了解决方案：可视化——用图形和图像解释数据。这次会议形成了题为"科学计算可视化"的报告，后被称为科学可视化(Scientific Visualization，SV)。

科学可视化包括图像生成和图像理解两个部分，它既是由复杂多维数据集产生图像的工具，又是解释输入计算机的图像数据的手段。它得到以下几个相对独立的学科的支持：计算机图形学、图像处理、计算机视觉、计算机辅助设计、信号处理、图形用户界面及交互技术。

可视化应使人与计算机协同地感知、利用和传递视觉信息。科学可视化按功能划分为如下3种形式。

(1) 事后处理方式。计算和可视化是分成两个阶段进行的，两者之间不进行交互作用。

(2) 追踪方式。可将计算结果即时以图像显示，以使研究人员了解当前的计算情况，决定计算是否继续。

(3) 驾驭方式。这是科学可视化的最高形式。研究人员可参与计算过程，对计算进行实时干预。

科学可视化的应用范围涵盖当代科学技术的各个领域。其中，典型的应用领域如下。

(1) 科学研究：分子模型、医学图像、数学、地球科学、空间探索及天体物理学。

(2) 工程计算：计算流体力学和有限元分析。

2. 信息可视化

信息可视化(Information Visualization)是情报学领域一个较新的研究热点。国外信息管理与信息系统专业、图书情报学专业对这一领域的研究非常活跃，一些大学的信息管理类专业开设了这方面的课程。对信息可视化技术进行分类，可以对其方法和应用目的更加明确，从而帮助用户针对问题和应用领域选择合适的可视化技术；同时，可以发现现有可视化研究的不足，从而促使研究人员开发更新的可视化技术。

在可视化领域,一般将信息数据分为如下6类。

(1) 一维数据。这类数据以一维向量为主,只具有单一属性,主要用来表征数值、时间、方向等具有射线属性的一维坐标信息。

(2) 尺寸数据。这类数据主要出现在平面设计、地理图件和地理信息系统相关的应用领域,一般采用横纵坐标法呈现其数据,可以充分将横向和纵向的位置信息显现出来,并且可以利用相应的位置坐标数据做空间信息计算,如求最短路程、最小面积和最小高度等。

(3) 三维数据。三维数据包含3个维度的属性信息,能够更加立体和直观地展示事物的立体属性和物理状态。该数据类型的应用领域比较广泛,人们熟知的医学、地质、气象、工业工程设计等领域都离不开三维数据类型的支撑。

(4) 多维数据。这类数据包含4个或4个以上的属性信息,主要用于分析多维数据内部属性的关联和相互关系。该类数据以财务与统计数据为主,主要用于分析过往的财务状况,预测未来可能的发展趋势等。这是信息可视化研究的一个重要方向。

(5) 分层数据。分层数据模型是一种抽象的分类数据集合模式,是比较常见的数据关系。传统的图书馆资源管理模型和窗口系统资源管理模型使用的就是典型的分层数据。这类模型将现实的事务管理做分层、分类处理,以达到科学、高效管理的目的。

(6) 文本数据。这类数据形式多样,如报纸、邮件、新闻等信息都可以作为文本数据。有大量多媒体和超文本信息的互联网成为文本数据的较大来源之一。

3. 可视化分析学

可视化分析学是通过交互式可视化界面促进分析推理的一门科学。可视化分析学尤其关注的是意会和推理;科学可视化处理的是那些具有天然几何结构的数据;信息可视化处理的是抽象数据结构,如树状结构或图形。

人们可以利用可视化分析工具从海量、多维、多源、动态、时滞、异构、含糊不清甚至矛盾的数据中综合出信息并获得深刻的见解,能发现期望看到的信息并觉察出没有想到的信息,能提供及时的、可理解的评价,在实际行动中能有效沟通。

可视化分析学是一个多学科领域,涉及以下方面。一是分析推理技术,它能使用户获得深刻的见解,这种见解直接支持评价、计划和决策的行为。二是可视化表示和交互技术,它充分利用人眼的宽带宽通道的视觉能力,来观察、浏览和理解大量的信息。三是数据表示和变换,它以支持可视化分析的方式转化所有类型的异构和动态数据。四是支持分析结果的产生、演示和传播的技术,它能与各种观众交流有适当背景资料的信息。

4.2 数据可视化图表

统计图表是使用最早的可视化图形,已经具有数百年的发展历史,逐渐形成了一套成熟的方法,比较符合人类的感知和认知,因而得到了大量使用。当然,数据可视化不仅仅是统计图表,本质上,任何能够借助于图形的方式展示事物原理、规律、逻辑的方法都叫数据可视化。常见的统计图表包括散点图、气泡图、折线图、柱状图、热力图和雷达图等. 下面详细介绍几种常见的图表类型。

1. 散点图

散点图又称散点分布图,是因变量随自变量而变化的大致趋势图。散点图主要用于解释数据之间的规律，发现各变量之间的关系，适用于存在大量数据点的情况。散点图有一定的局限，即数据量小的时候会比较混乱。

散点图的数据点是在直角坐标系平面上，以一个变量为横坐标，另一个变量为纵坐标，利用散点（坐标点）的分布形态反映变量统计关系的一种图形。它的特点是能直观表现出影响因素和预测对象之间的总体关系趋势；能通过直观醒目的图形方式，反映变量间的形态变化关系情况，以便模拟变量之间的关系。例如，统计时间与股票和基金的投资关系散点图如图 4-3 所示。从图 4-3 中可以直观地看出，投资时间越长，股票和基金的回报率越大。

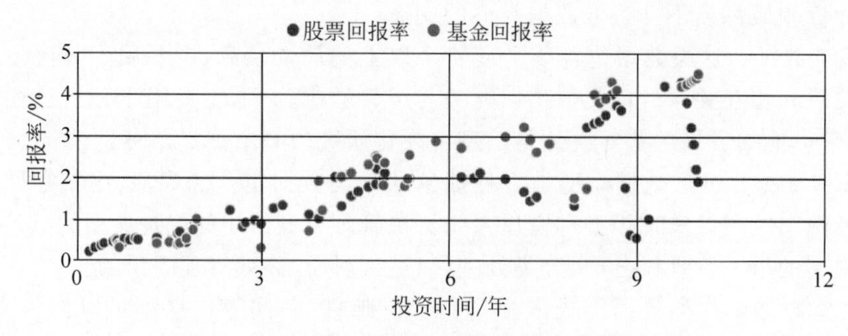

图 4-3　统计时间与股票和基金的投资关系散点图

2. 气泡图

气泡图是散点图的变种，用气泡代替散点图的数值点，面积大小代表数值大小。气泡图用来展示各类别占比，适用于了解数据的分布情况。气泡图的缺陷是如果分类过多，散点面积就会太小，而无法展现图表。例如，全国物流网点单票成本/收入分布情况气泡图如图 4-4 所示。物流网点总利润除了和单票利润有关，还和体量（即收件量）有关，这里用散点的面积表示收件量。

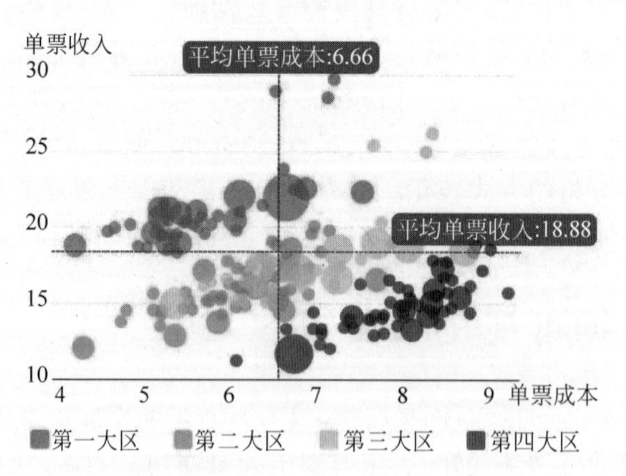

图 4-4　全国物流网点单票成本/收入分布情况气泡图

3. 折线图

折线图用来观察数据随时间变化的趋势，适用于有序的类别。折线图的缺点是无序的类别无法展示数据特点。例如，某地区几个城市月均降水量分布折线图如图 4-5 所示。

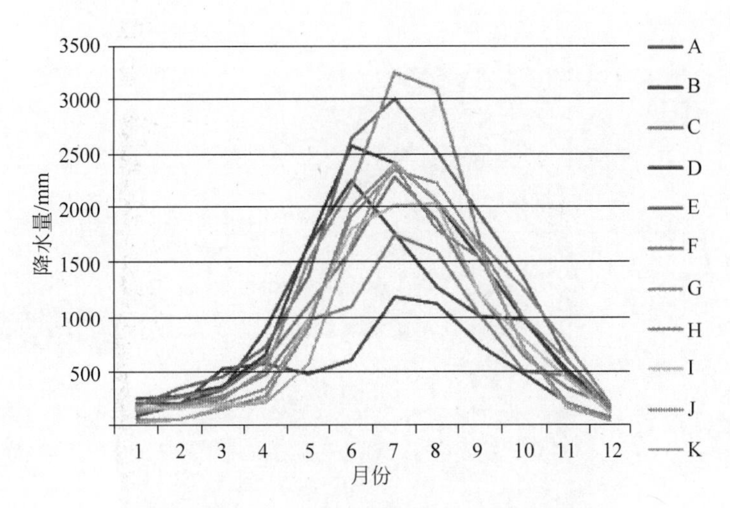

图 4-5　某地区几个城市月均降水量分布折线图

4. 柱状图

柱状图用于展现类别之间的关系，适用于对比、分类数据。其局限是分类过多则无法展示数据特点。例如，某地蒸发量、降水量与径流量柱状图如图 4-6 所示。

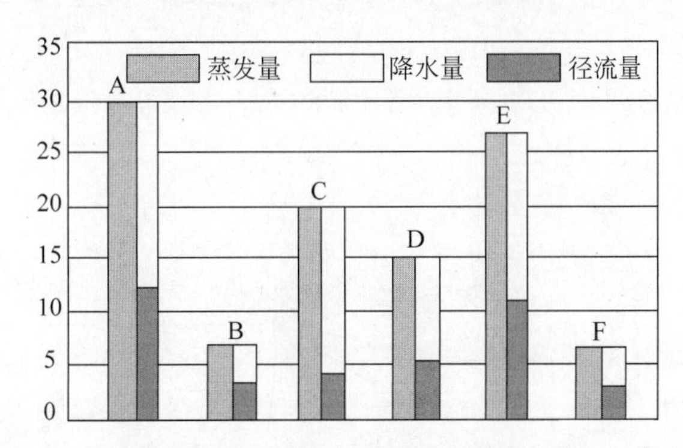

图 4-6　某地蒸发量、降水量与径流量柱状图(单位：km^3/年)

5. 热力图

热力图可以体现数据在空间上的变化规律。例如，某商场客流分布热力图如图 4-7 所示。通过它可进行客流分析，不同区域、不同时段人群密度都直观可见。实时的热力图还可以监控人群流向，为商家经营提供准确的数据支撑。

6. 雷达图

雷达图将多个分类的数据量映射到坐标轴上，用于对比某项目不同属性的特点，其优点是可了解同类别不同属性的综合情况，以及比较不同类别的相同属性差异。其局限是分类过多或变量过多时，图中的显示会比较混乱。例如，某初中两个班知识点得分率的分析雷达图如图 4-8 所示。

7. 其他图表

除了上述常见的图表以外，数据可视化还可以使用其他图表，具体如下。

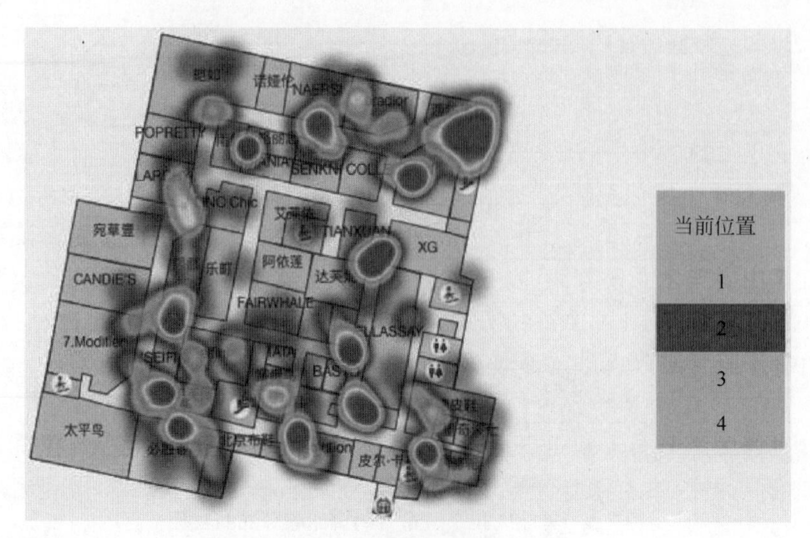

图 4-7 某商场客流分布热力图

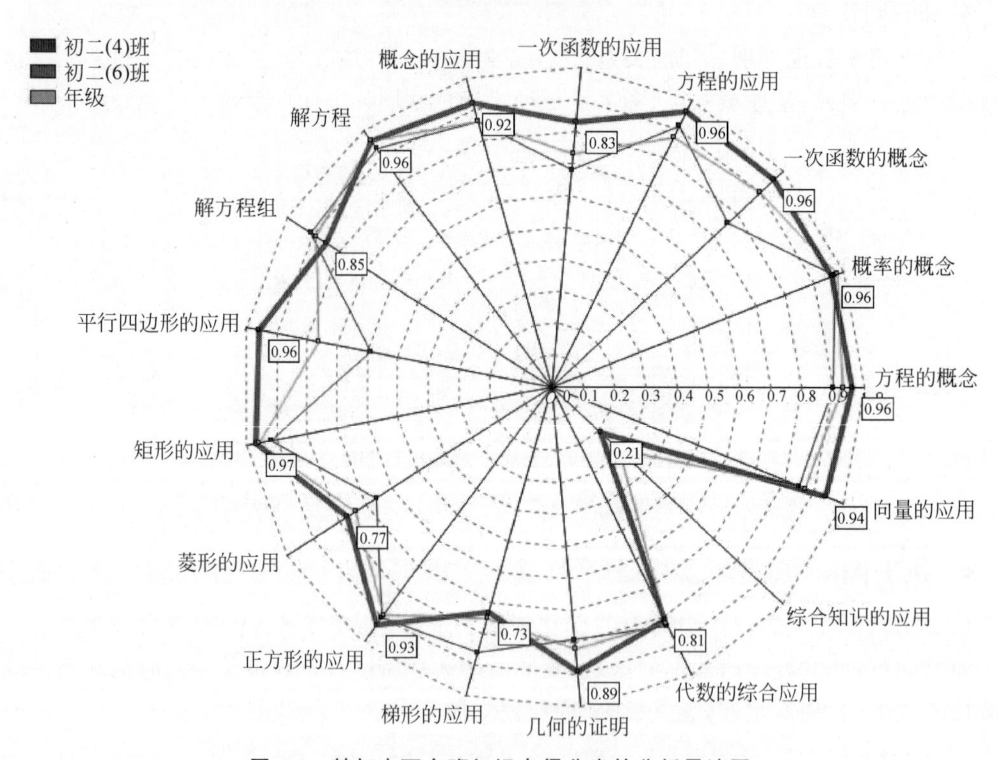

图 4-8 某初中两个班知识点得分率的分析雷达图

（1）漏斗图。漏斗图适用于业务流程比较规范、周期长、环节多的流程分析，通过各环节业务数据的比较，能够直观地发现和说明问题所在。

（2）树图。树图是一种流行的、利用包含关系表达层次化数据的可视化方法，它能将事物或现象分解成树枝状，因此又称“树形图”或“系统图”。树图就是把要实现的目的与需要采取的措施或手段系统地展开，并绘制成图，以明确问题的重点，寻找最佳手段或措施。

(3) 关系图。基于三维空间中的点线组合,再加以颜色、粗细等维度的修饰,适用于表征各节点之间的关系。

(4) 词云。通过形成“关键词云层”或“关键词渲染”,对网络文本中出现频率较高的“关键词”给予视觉上的突出。

(5) 桑基图。也被称为“桑基能量分流图”或“桑基能量平衡图”。它是一种特定类型的流程图,图中延伸的分支的宽度对应数据流量的大小,通常应用于能源、材料成分、金融等数据的可视化分析。

(6) 日历图。以日历为基本维度的、对单元格加以修饰的图表。

4.3　数据可视化工具

进行数据可视化时,为了满足并超越客户的期望,可用数据可视化工具来处理不同类型的传入数据;应用不同种类的过滤器来调整结果;在分析过程中与数据集进行交互;连接到其他软件来接收输入数据,或为其他软件提供输入数据。市面上有很多专门用于数据可视化的工具,在实际应用时,使用者需要根据需求来选择适合自己的工具。

4.3.1　入门级工具

Excel 作为一个入门级工具,是快速分析数据的理想工具,可以进行各种数据的处理、统计分析和辅助决策操作,已经广泛地应用于管理、统计、金融等领域。用户不需要进行复杂的学习就可以轻松使用 Excel 提供的各种图表功能,尤其是制作折线图、饼图、柱状图、散点图等各种统计图表时,也能创建供内部使用的数据图,所以,Excel 是普通用户的首选工具。但是 Excel 在颜色、线条和样式上可选择的范围有限,这也意味着用 Excel 很难制作出符合专业出版物和网站需要的数据图。

4.3.2　信息图表工具

信息图表工具是对各种信息进行形象化、可视化加工的一种工具。根据道格·纽瑟姆(Doug Newsom)的概括,作为视觉化工具的信息图表包括图表(Chart)、图解(Diagram)、图形(Graph)、表格(Table)、地图(Map)和列表(List)等。下面介绍几种典型的信息图表工具。

1. Canva

Canva 是目前最著名的信息图制作工具,如图 4-9 所示。它是一款便捷的在线信息图表设计工具,适用于各种设计任务(从制作小册子到制作演示文稿),还为用户提供庞大的图片素材库、图标合集和字体库。

2. Visem

Visem 是一款包含大量素材的免费信息图表工具,如图 4-10 所示。用户可以借助它“直观地呈现”复杂的数据。无论是构建演示文稿,还是创建有趣的图表,这款工具都是可以胜任的。其中还包含 100 个风格各异的免费字体,以及数千张高质量的图片。

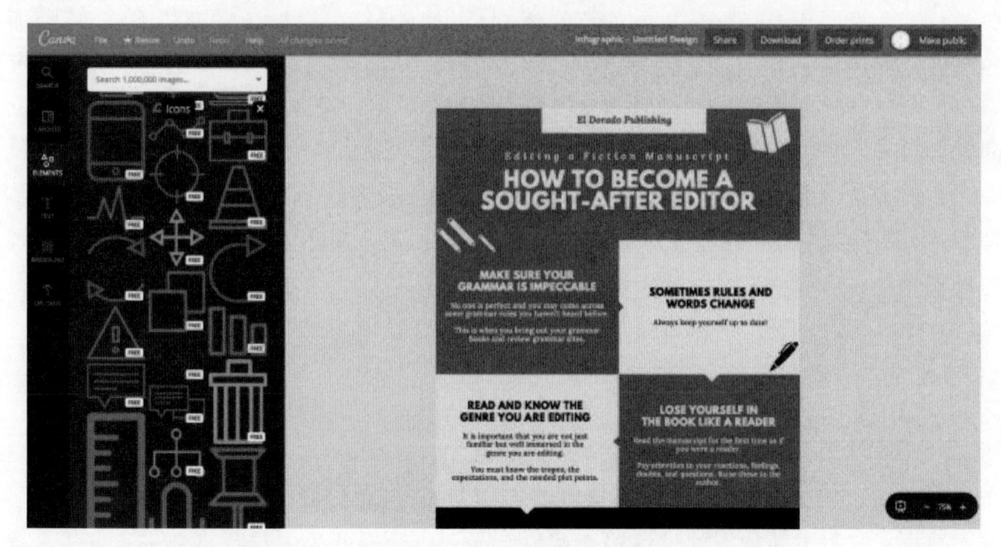

图 4-9 Canva 可视化工具

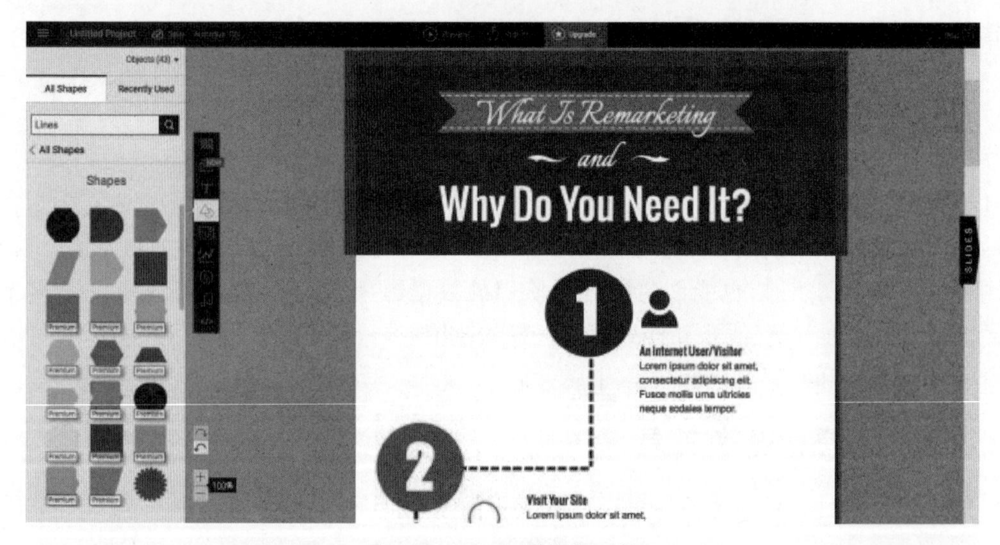

图 4-10 Visem 可视化工具

3. Google Charts

Google Charts 不仅可以帮用户设计信息图表，还可以帮用户展示实时的数据，如图 4-11 所示。作为一款信息图表的设计工具，Google Charts 内置了大量可供用户控制和选择的选项，用来生成足以让用户满意的图表。通过来自谷歌公司的实时数据的支撑，Google Charts 的功能比用户想象得更加强大和全面。

4. Piktochart

Piktochart 是一款信息图表设计和展示工具，如图 4-12 所示。用户只要单击几下鼠标，就可以将无聊的数据转化为有趣的图表。Piktochart 的自定义编辑器能够让用户修改配色方案和字体，插入预先设计的图形或者图片，内置的栅格系统能够帮用户更好地对齐和控制排版布局，功能上非常便捷。

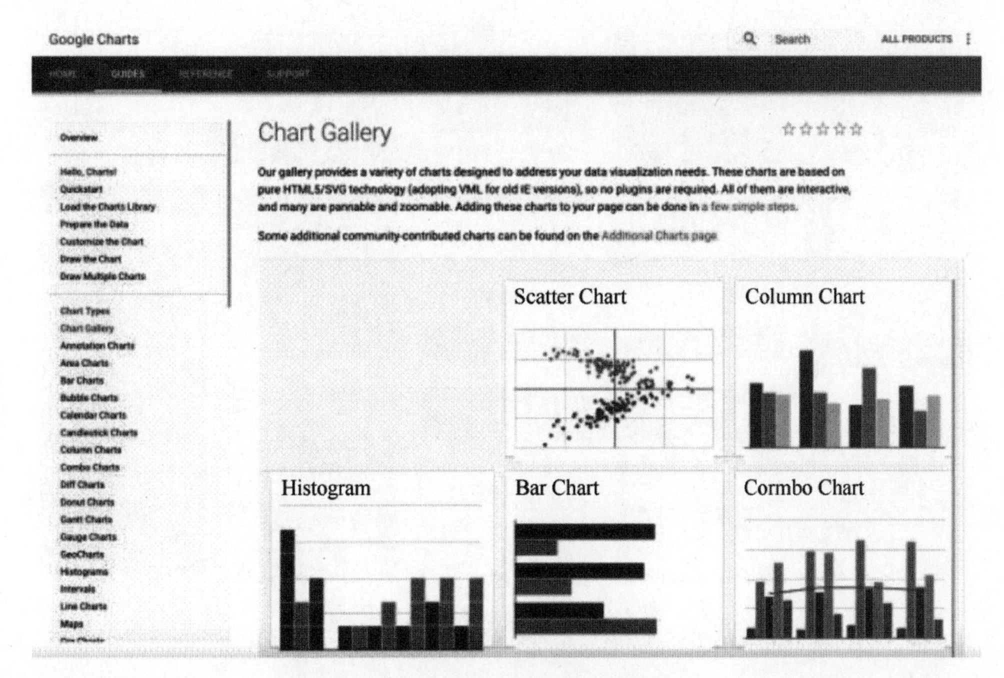

图 4-11　Google Charts 可视化工具

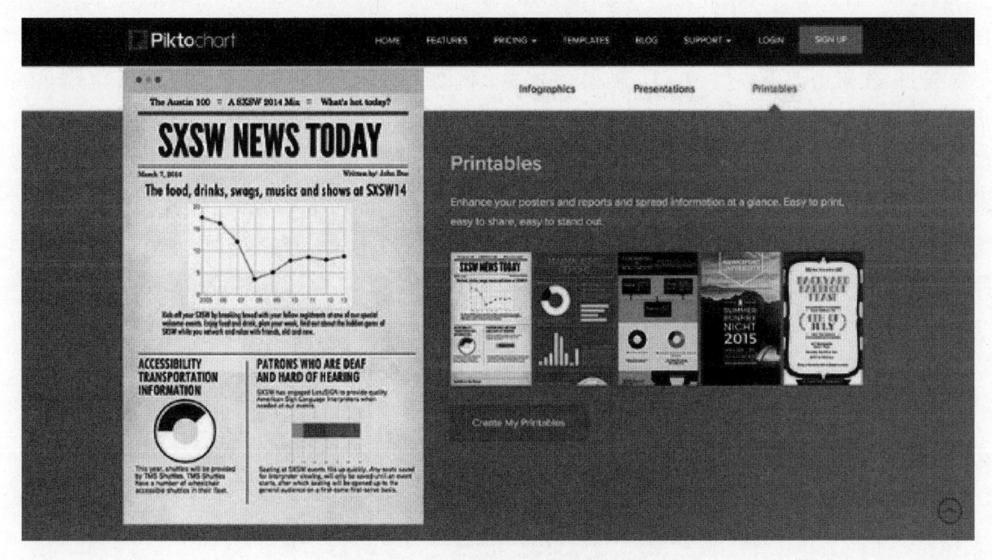

图 4-12　Piktochart 可视化工具

5. Venngage

Venngage 同样是一款颇为优秀的信息图表设计和发布工具，其最突出的特性是“易用性”，如图 4-13 所示。用户可以在 Venngage 内置的各种模板基础上制作信息图表，其内置的模板、上百个图表和图标样式可以让用户结合自己的图片素材生成足以匹配需求的信息图表。同样，用户也可以生成信息动画，让自己的数据更好地呈现出来。

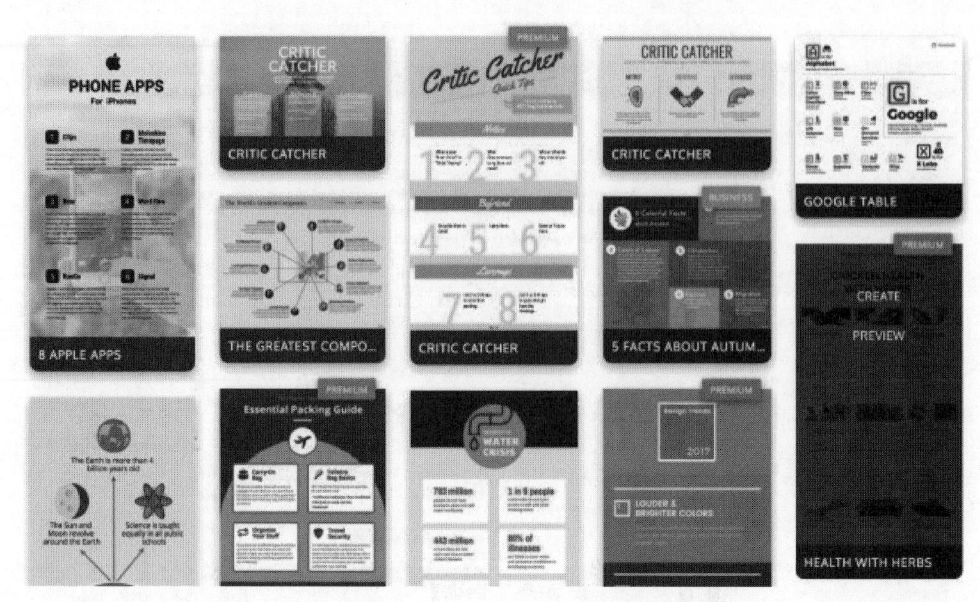

图 4-13　Venngage 可视化工具

6. D3

D3 是最流行的可视化库之一，如图 4-14 所示。它是一个用于网页作图、生成互动图形的 JavaScript 函数库。它提供了一个 D3 对象，所有方法都通过这个对象调用。D3 能够提供大量线性图和条形图之外的复杂图表样式，例如 Voronoi 图、树形图、圆形集群和单词云等。

图 4-14　D3 可视化工具

7. ECharts

ECharts 是由百度公司前端数据可视化团队研发的图表库，可以流畅地运行在 PC 和移动设备上，兼容当前绝大部分浏览器(IE 8/9/10/11、Chrome、Firefox、Safari 等)，底层依赖轻量级的、Canvas 类库 ZRender，可以提供直观、生动、可交互、可高度个性化定制的数据可视化图表。Echarts 还提供了非常丰富的图表类型，包括常规的折线图、柱状图、散点图、饼图、K 线图，用于统计的盒形图，用于地理数据可视化的地图、热力图、线图，用于关系数据可视化的关系图、树图，用于多维数据可视化的平行坐标，以及用于 BI 的漏斗图、仪表盘，并且支持图与图之间的混搭，能够满足用户绝大部分分析数据时的图表制作需求。

8. 大数据魔镜

大数据魔镜是一款优秀的国产数据分析软件，其丰富的数据公式和算法可以让用户真正理解探索分析数据，用户只要通过一个直观的拖放界面就可创造交互式的图表和数据挖掘模型。

4.3.3 地图工具

地图工具在数据可视化中较为常见，它在展现数据基于空间或地理分布上有很强的表现力，可以直观地展现各分析指标的分布、区域等特征。当指标数据要表达的主题跟地域有关联时，就可以选择以地图作为大背景，从而帮助用户更加直观地了解整体的数据情况，同时可以根据地理位置快速地定位到某一地区来查看详细数据。下面介绍几种典型的地图工具。

1. My Maps

谷歌的这款工具简易且用途广泛，非常适合新手使用，只要数据表中至少包含一栏地址信息或 GPS(全球卫星定位系统)坐标数字就可以了。使用方法很简单：打开 My Maps，单击 Create a new map(建立新地图)，如图 4-15 所示，然后导入数据表，选中标注地理信息的那一列数据，就可以完成。

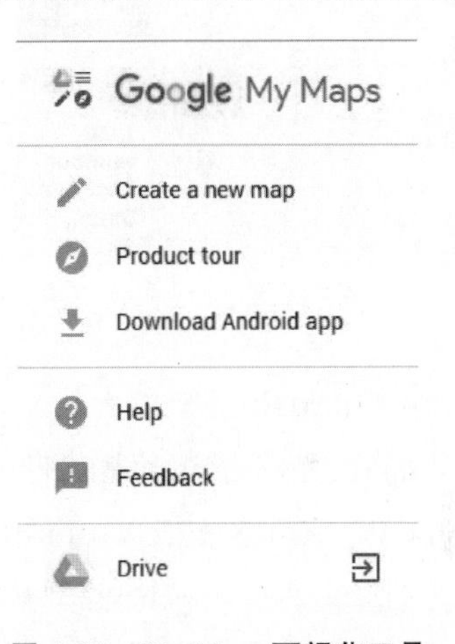

图 4-15 My Maps 可视化工具

2. batchgeo

batchgeo 也是一款易用且好用的工具，如图 4-16 所示。只需要用复制、粘贴的方式导入数据表，系统便会自动识别出表中的地址或 GPS 信息栏，然后在地图的相应位置做出标注。相比 My Maps，batchgeo 的功能较少，但如果使用者仅仅需要在地图上标注多个地点，那么 batchgeo 完全胜任。

3. Fusion Tables

Fusion Tables 属于 Google Drive 产品中的一项应用，如图 4-17 所示。它是一个功能庞杂的制图工具(不仅仅用于地图)，该工具可以让数据表呈现为图表、图形和地图，从而帮助发现一些隐藏在数据背后的模式和趋势。Fusion Tables 最大的特点之一是可以融合不同的数据集，而其在地理信息编码上的功能也十分突出。另外，该应用还提供色彩选项呈现数据。

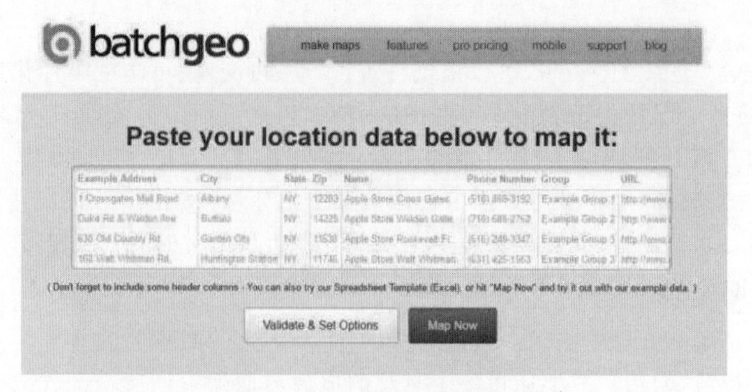

图 4-16 batchgeo 可视化工具

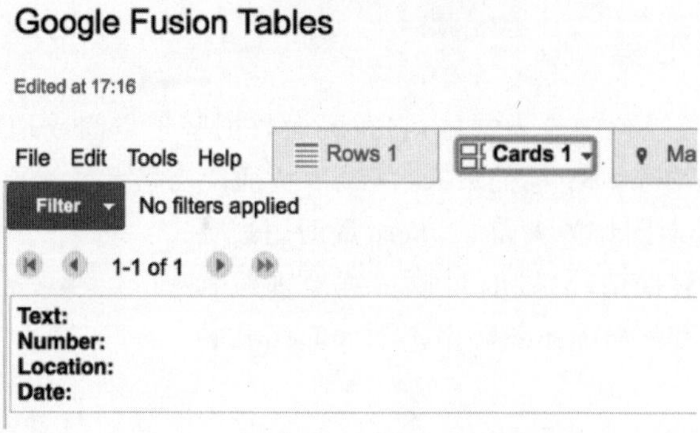

图 4-17 Fusion Tables 可视化工具

4. mapshaper

mapshaper 适用的数据形式不再是一般人都能看懂的表格，而是需要特定的格式，包括 Shapefile(文件名一般以.shp 作为扩展名)、GeoJSON(一种开源的地理信息代码，用于描述位置和形状)及 TopoJSON(GeoJSON 的衍生格式，主要用于拓扑形状，比较有趣的应用案例是以人口规模作为面积重新绘制行政区域的形状和大小，这一类图被称为 Cartogram)。

对需要自定义地图中各区域边界和形状的制图师，mapshaper 是一个极好的入门级工具，其简便性也有助于地图设计师随时检查数据是否与设计图相吻合，修改后还能够以多种格式输出，进一步用于更复杂的可视化产品。mapshaper 可视化工具如图 4-18 所示。

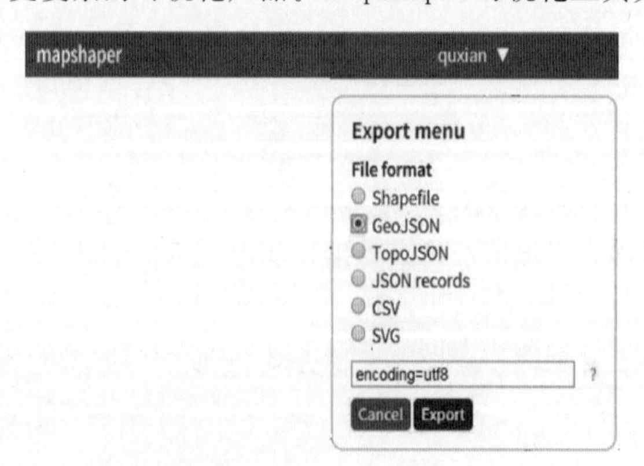

图 4-18 mapshaper 可视化工具

5. CartoDB

CartoDB 可视化工具如图 4-19 所示，目前已经吸引 12 万用户制作了超过 40 万张地图。这些用户将世界上一些有趣的主题，如全球“粉丝”对 Beyonce 最新专辑发布的实时反应等，变成互动性强、好玩的可视化作品。只要用户上传数据，CartoDB 就能自动检测出地理数据，然后分析文件中其他的信息并提出一系列地图格式建议，以供用户选择与修改，方便实用，非常适合缺乏编程基础又想尝试可视化的用户使用。

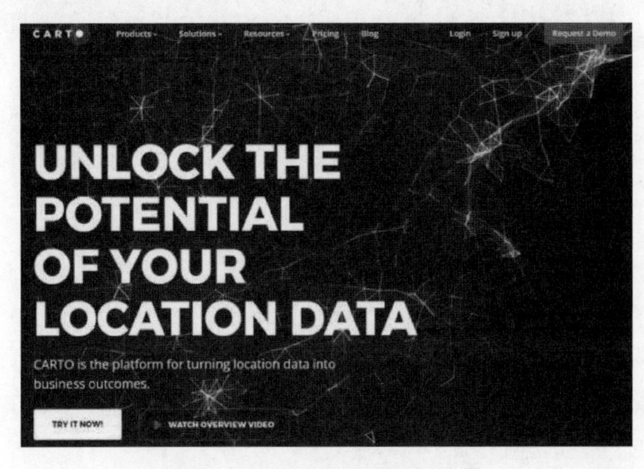

图 4-19　CartoDB 可视化工具

6. mapbox

可以说 mapbox 是制图专业人士的工具，如图 4-20 所示。它可以制作独一无二的地图，从马路的颜色到边境线都可以自行定义，功能超级强大。它是一个收费的商业产品，Airbnb、Pinterest 等公司都是其客户。通过 mapbox，用户可以保存自定义的地图风格，并应用于前面提到的 CartoDB 等产品。

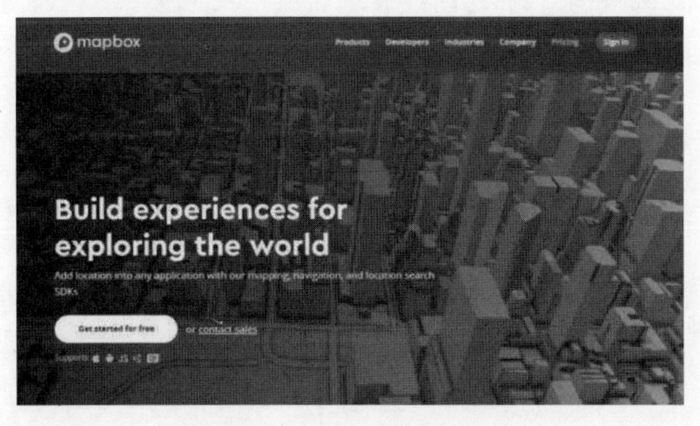

图 4-20　mapbox 可视化工具

7. Map Stack

Map Stack 是由可视化设计机构 Stamen（这家机构自称既非研究所又非公司，却以赢利为目的，非常独特）推出的免费地图制作工具，简便易用，如图 4-21 所示。

图 4-21 Map Stack 可视化工具

8. Modest Maps

Modest Maps 是一个小型、可扩展、交互式的免费库,提供了一套查看卫星地图的 API,只有 10KB,是目前最小的可用地图库。它也是一个开源项目,有强大的社区支持,是在网站中整合地图应用的理想选择。

4.3.4 时间线工具

时间线是表现数据在时间维度的演变的有效方式,它通过互联网技术,依据时间顺序,把一方面或多方面的事件串联起来,形成相对完整的记录体系,再运用图文的形式呈现给用户。时间线可以运用于不同领域,最大的作用就是把过去的事物系统化、完整化、精确化。自 2012 年 Facebook 在 F8 大会上发布了以时间线格式组织内容的功能后,时间线工具在国内外社交网站中开始大面积流行。时间线表示如图 4-22 所示。

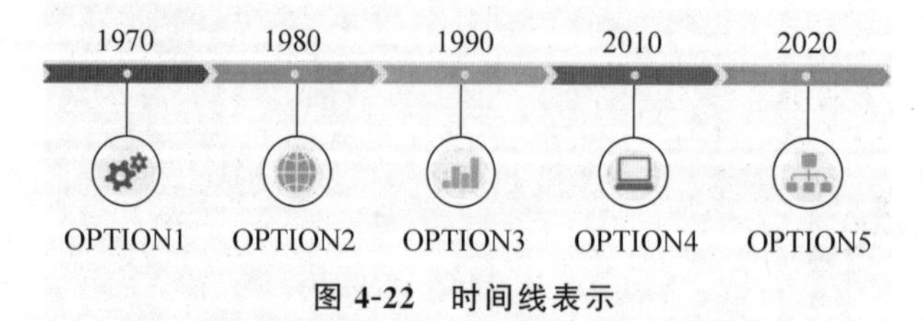

图 4-22 时间线表示

下面介绍几种典型的时间线工具。

1. Timetoast

Timetoast 是在线创作基于时间轴事件记载服务的网站,提供个性化的时间线服务,可以用不同的时间线来记录用户某个方面的发展历程、心路历程、进度过程等。Timetoast 基于 Flash 平台,可以在类似 Flash 时间轴上任意加入事件,定义每个事件的时间、名称、图像、描述,最终在时间轴上显示事件在时间序列上的发展,事件显示和切换十分流畅,随着鼠标单击可显示相关事件,操作简单。

2. Xtimeline

Xtimeline 是一个免费的绘制时间线的在线工具网站，操作简便，用户通过添加事件日志的形式构建时间表，同时也可给日志配上相应的图表。不同于 Timetoast 的是，Xtimeline 是一个社区类型的时间轴网站，其中加入了组群功能和更多的社会化因素，除了可以分享和评论时间轴外，还可以建立组群讨论所制作的时间轴。

3. Timeline Maker

Timeline Maker 是一款好用的时间线制作软件，如图 4-23 所示。它拥有 5 种图表样式，集大量自动化功能、时间线模板和互动展示功能为一体，可以自动构建时间表、时间线图表、项目甘特图和年表等，可以打印、发布和呈现多种格式，还拥有强大的自动拼写检查、导入向导，以及淘汰图表和交互式演示功能，使用方便，也能节省大量时间，非常适合执法部门、法医调查员、项目策划人员、业务经理和研究人员使用。

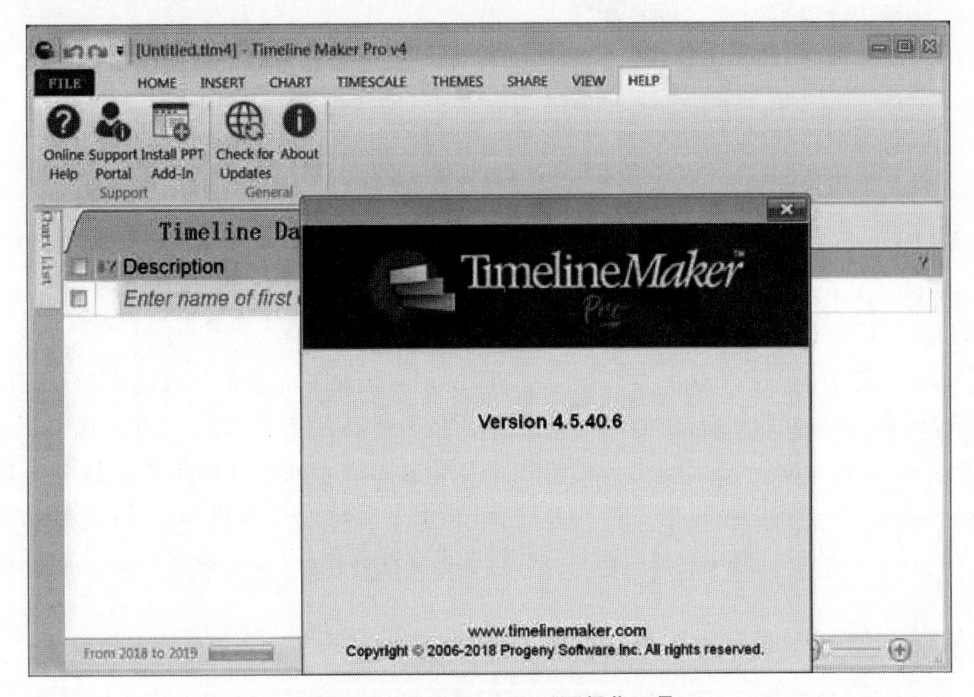

图 4-23 Timeline Maker 可视化工具

4.3.5 高级分析工具

除了上述入门级工具、信息图表工具、地图工具和时间线工具外，还有一些可视化的高级工具，下面简单介绍几种。

1. R

R 是属于 GNU 系统的一款自由、免费、源代码开放的软件。它是一个用于统计计算和统计制图的优秀工具，使用难度较高。R 的功能包括数据存储和处理系统、数组运算工具（具有强大的向量和矩阵运算功能）、完整连贯的统计分析工具、优秀的统计制图功能、简便而强大的编程语言,可操纵数据的输入和输出,实现分支、循环以及用户可自定义功能等,通常用于大数据集的统计与分析。

例如,使用R语言绘制的散点图是数据点在直角坐标系平面上的分布图。它用于研究两个连续变量之间的关系,是一种最常见的统计图形,如图4-24所示。

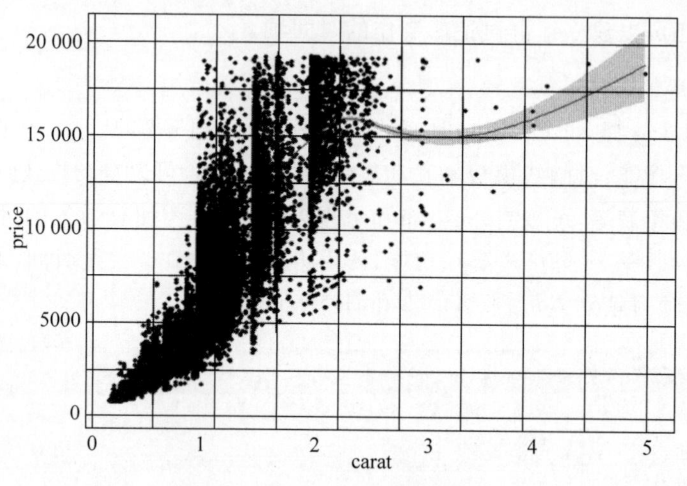

图4-24 R语言绘制的散点图

2. Python

Python让用户很容易就能实现可视化,只需借助可视化的两个专属库——Matplotlib和Seaborn。

Matplotlib:基于Python的绘图库,为Matplotlib提供了完整的二维图形和有限的三维图形支持。这对在跨平台互动环境中发布高质量图片很有用。它也可用于动画。

Seaborn:Python中用于创建丰富信息和有吸引力图表的统计图形库。这个库是基于Matplotlib的。Seaborn提供多种功能,如内置主题、调色板、函数和工具,来实现单因素、双因素、线性回归、数据矩阵、统计时间序列等的可视化,以进一步构建复杂的可视化结果。

3. Weka

Weka是一款免费的、基于Java环境的、开源的机器学习以及数据挖掘软件,不但可以进行数据分析,还可以生成一些简单图表。

4. Gephi

Gephi是一款比较特殊也很复杂的软件,主要用于社交图谱数据可视化分析,可以生成非常酷炫的可视化图形。

4.4 实时可视化

很多信息图提供的信息从本质上看是静态的。通常制作信息图需要花费很长时间和大量精力。它需要数据,需要展示有趣的故事,还需要以图标将数据以一种吸引人的方式呈现出来。但是工作到这里还没结束。图表只有经过加工、发布、分享和查看之后才具有真正的价值。当然,到那时,数据已经成了几周或几个月前的旧数据了。那么,在展示可视化数据时要怎样在吸引人的同时保证其时效性呢?

数据要具有实时性价值,必须满足以下三个条件。

(1) 数据本身必须要有价值。

(2) 必须有足够的存储空间和计算机处理能力来存储和分析数据。

(3) 必须要有一种巧妙的方法及时将数据可视化,而不用花费几天或几周的时间。

想了解数百万人如何看待实时性事件,并将他们的想法以可视化的形式展示出来的想法看似遥不可及,但其实很容易达成。

在过去的几十年,美国总统选举过程中的投票民意测试,需要测试者打电话或亲自询问每个选民的意见。通过将少数选民的投票和统计抽样方法结合起来,民意测试者就能预测选举的结果,并总结出人们对重要政治事件的看法。但今天,大数据正改变着人们的调查方法。

捕捉和存储数据只是像推特这样的公司所面临的大数据挑战中的一部分。为了分析这些数据,公司开发了推特数据流(Twitter Stream),即支持每秒发送 5000 条或更多推文的功能。在特殊时期,如总统选举辩论期间,用户发送的推文更多,大约每秒 20 000 条。然后公司又要分析这些推文所使用的语言,找出通用词汇,最后将所有的数据以可视化的形式呈现出来。

要处理数量庞大且具有时效性的数据很困难,但并不是不可能。推特为大家熟知的数据流人口配备了编程接口。像推特一样,Gnip 公司也开始提供类似的渠道。其他公司如 BrightContext,提供实时情感分析工具。在 2012 年总统选举辩论期间,《华盛顿邮报》在观众观看辩论时使用 BrightContext 的实时情感模式来调查和绘制情感图表。实时调查公司 Topsy 将大约 2000 亿条推文编入了索引,为推特的政治索引提供了被称为 Twindex 的技术支持。Vizzuality 公司专门绘制地理空间数据,并为《华尔街日报》选举图提供技术支持。与电话投票耗时长且每场面谈通常要花费大约 20 美元相比,上述公司所采用的实时调查只需花费几个计算周期,并且没有规模限制。另外,它还可以将收集到的数据及时进行可视化处理。

但信息实时可视化并不只是在网上不停地展示实时信息而已。谷歌眼镜被《时代周刊》称为 2012 年最好的发明,如图 4-25 所示。"它被制成一副眼镜的形状,增强了现实感,使之成为人们日常生活的一部分。"将来,人们不仅可以在计算机和手机上看可视化呈现的数据,还能边四处走动边设想或理解这个物质世界。

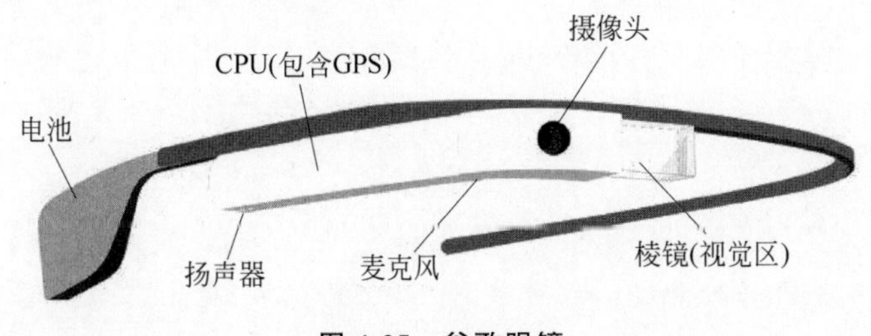

图 4-25 谷歌眼镜

知识巩固与技能训练

一、名词解释

1. 可视化　2. 可视分析学　3. 散点图

二、思考题

1. 试述数据可视化的概念。
2. 数据可视化的意义是什么?
3. 信息可视化中,信息数据的类型有哪些?
4. 试述数据可视化的典型工具有哪些。
5. 常见的统计图表有哪些类型?给出每种类型的具体应用场景。

三、网络搜索和浏览

结合查阅的相关文献资料,列举几个数据可视化的有趣案例。

第5章

支撑大数据的技术

导读案例

大数据企业的缩影——谷歌

谷歌创建于1998年9月，是美国的一家跨国科技企业，致力于互联网搜索、云计算、广告技术等领域，开发并提供大量基于互联网的产品与服务，主要利润来自AdWords等广告服务。

谷歌由在斯坦福大学攻读理工博士的拉里·佩奇和谢尔盖·布林共同创建。创始之初，谷歌官方的公司使命为"集全球范围的信息，使人人皆可访问并从中受益"。谷歌的总部称为Googleplex，位于美国加利福尼亚州圣克拉拉县的芒廷维尤。2011年4月，拉里·佩奇接替施密特担任首席执行官。2014年5月21日，市场研究公司明略行公布，谷歌取代苹果公司成为全球最具价值的商业品牌。2015年3月28日，谷歌和强生公司达成战略合作，联合开发能够做外科手术的机器人。2017年2月，Brand Finance发布2017年度全球500强品牌榜单，谷歌排名第一。

谷歌搜索引擎就是大数据的缩影，这是一个用来在互联网上搜索信息的简单快捷的工具，使用户能够访问一个包含超过80亿个网址的索引。谷歌坚持不懈地对其搜索功能进行革新，始终保持着自己在搜索领域的领先地位。据调查结果显示，仅一个月内，谷歌处理的搜索请求就高达122亿次。除此之外，谷歌不仅存储搜索结果中出现的网站链接，还存储人们的所有搜索行为，这就使谷歌能以惊人的洞察力掌握搜索行为的时间、内容以及它们是如何进行的。这些对数据的洞察力意味着谷歌可以优化其广告，使之从网络流量中获益，这是其他公司所不能企及的。另外，谷歌不仅可以追踪人的行为，还可以预测人们接下来会采取怎样的行动。换句话说，在你行动之前，谷歌就已经知道你在寻找什么了。这种对大量的人机数据进行捕捉、存储和分析，并根据这些数据做出预测的能力，就是人们所说的大数据。

谷歌的规模使其得以实施一系列大数据方法，而这些方法是大多数企业根本不曾具备的。而谷歌的优势之一是其拥有一支优秀的软件工程师队伍，这些工程师能为该公司提供前所未有的大数据技术。谷歌的另一个优势是它的基础设施，就谷歌搜索引擎本身的设计而言，数不胜数的服务器保证了谷歌搜索引擎之间的无缝连接。如果出现更多的处理或存储信息需求,或某台服务器崩溃时,谷歌的工程师们只需添加服务器就能保证搜索引擎的正常运行。据估计,谷歌的服务器总数超过100万个。谷歌的机房如图5-1所示。

图5-1 谷歌的机房

谷歌在设计软件时一直没有忘记自己所拥有的强大的基础设施。MapReduce和Google File System就是两个典型的例子。《连线》杂志在2012年暑期的报道中称,这两种技术"重塑了谷歌建立搜索索引的方式"。许多公司现在都开始接受Hadoop(MapReduce和Google File System开发的一个开源衍生产品)开源代码,并开始利用Hadoop,谷歌在多年前就已经开始大数据技术的应用了。事实上,当其他公司开始接受Hadoop开源代码时,谷歌已经将重点转移到其他新技术上了,这在同行中占据了绝对优势。这些新技术包括内容索引系统Caffeine、映射关系系统Pregel以及量化数据查询系统Dremel。

5.1 开源技术的商业支援

在大数据的演变中,开源软件起到了很大的作用。如今,Linux已经成为主流操作系统,并与低成本的服务器硬件系统相结合。有了Linux,企业就能在低成本硬件上使用开源操作系统,以低成本获得许多相同的功能。MySQL开源数据库、Apache开源网络服务器以及PHP开源脚本语言(最初为创建网站开发)搭配起来的实用性也推动了Linux的普及。随着越来越多的企业将Linux大规模地用于商业,它们期望获得企业级的商业支持和保障。在众多的供应商中,红帽子(Red Hat)Linux脱颖而出,成为Linux商业支持及服务的市场领导者。甲骨文公司(Oracle)也并购了最初属于瑞典MySQLAB公司的开源MySQL关系数据库项目。

例如,Apache Hadoop是一个开源分布式计算平台,通过Hadoop分布式文件系统存储大量数据,再通过名为MapReduce的编程模型将这些数据的操作分成小片段。Apache Hadoop源自谷歌的原始创建技术,随后开发了一系列围绕Hadoop的开源技术。Apache Hive提供数据仓库功能,包括数据抽取、转换、装载(ETL),即将数据从各种来源中抽取出来,再实行转换以满足操作需要(包括确保数据质量),然后装载到目标数据库。Apache HBase则提供处于Hadoop顶部的海量结构化表的实时读写访问功能,它仿照了谷歌的BigTable。同时,Apache Cassandra通过复制数据来提供容错数据存储功能。

在过去，这些功能通常只能从商业软件供应商处依靠专门的硬件获取。开源大数据技术正在使数据存储和处理能力——这些本来只有像谷歌或其他商用运营商之类的公司才具备的能力，在商用硬件上也得到了应用。这样就降低了使用大数据的先期投入，并且具备了使大数据接触到更多潜在用户的潜力。

开源软件在开始使用时是免费的，这使其对大多数人颇具吸引力，从而使一些商用运营商采用免费增值的商业模式参与到竞争当中。产品在个人使用或有限数据的前提下是免费的，但顾客需要在之后为部分或大量数据的使用付费。久而久之，采用开源技术的这些企业往往需要商业支援，一如当初使用 Linux 碰到的情形。像 Cloudera、HortonWorks 及 MapR 这样的公司在为 Hadoop 解决各种需要时，类似 DataStax 的公司也在为非关系数据库(Cassandra)做着同样的事情，LucidWorks 之于 Apache Lucerne 也是如此(后者是一种开源搜索解决方案，用于索引并搜索大量网页或文件)。

5.2　大数据的技术架构

要容纳数据本身，IT 基础架构必须能够以经济的方式存储比以往更大量、类型更多的数据。此外，还必须能适应数据变化的速度。由于数量如此大的数据难以在当今的网络连接条件下快速移动，因此，大数据基础架构必须分布计算能力，以便能在接近用户的位置进行数据分析，减少跨越网络所引起的延迟。企业逐渐认识到必须在数据驻留的位置进行分析，分布这类计算能力，以便使分析工具提供实时响应将带来的挑战。考虑到数据速度和数据量，通过移动数据进行处理是不现实的，相反，计算和分析工具可能会移到数据附近。而且，云计算模式对大数据的成功至关重要。云模型在从大数据中提取商业价值的同时也能为企业提供一种灵活的选择，以实现大数据分析所需的效率、可扩展性、数据便携性和经济性。

仅仅存储和提供数据还不够，必须以新的方式合成、分析和关联数据，才能提供商业价值。部分大数据方法要求处理未经建模的数据，因此，可以对毫不相干的数据源进行不同类型数据的比较和模式匹配。这使得大数据分析能以新视角挖掘企业传统数据，并带来传统上未曾分析过的数据洞察力。

基于上述考虑构建的适合大数据的 4 层堆栈式技术架构如图 5-2 所示。

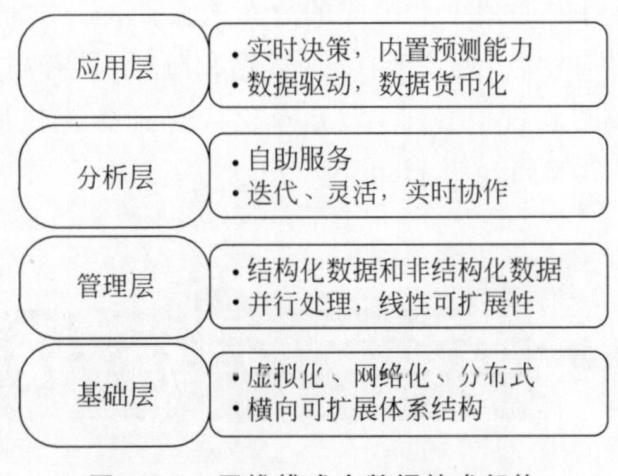

图 5-2　4 层堆栈式大数据技术架构

（1）基础层：整个大数据技术架构基础的最底层。要实现大数据规模的应用，企业需要一个高度自动化的、可横向扩展的存储和计算平台。这个基础设施需要从以前的存储孤岛发展为具有共享能力的高容量存储池。容量、性能和吞吐量必须可以线性扩展。

云模型鼓励访问数据并提供弹性资源池来应对大规模问题，解决了如何存储大量数据，以及如何积聚所需的计算资源来操作数据的问题。在云中，数据跨多个节点调配和分布，使得数据更接近需要它的用户，从而缩短响应时间和提高生产率。

（2）管理层：要支持在多源数据上做深层次的分析，大数据技术架构中需要一个管理平台，使结构化和非结构化数据管理融为一体，具备实时传送和查询、计算功能。本层既包括数据的存储和管理，也涉及数据的计算。并行化和分布式是大数据管理平台所必须考虑的要素。

（3）分析层：大数据应用需要大数据分析，分析层提供基于统计学的数据挖掘和机器学习算法，用于分析和解释数据集，帮助企业获得对数据价值深入的领悟。可扩展性强、使用灵活的大数据分析平台更可成为数据科学家的利器，起到事半功倍的效果。

（4）应用层：大数据的价值体现在帮助企业进行决策和为终端用户提供服务的应用。不同的新型商业需求驱动了大数据的应用。另外，大数据应用为企业提供的竞争优势使得企业更加重视大数据的价值。新型大数据应用对大数据技术不断提出新的要求，大数据技术也因此在不断地发展变化中日趋成熟。

5.3 大数据处理平台

5.2 节学习了大数据的 4 层堆栈式技术架构，下面学习一些常用的大数据处理平台。本节具体讲述大数据处理平台 Hadoop、Storm 和 Spark 的特点及具体应用。

5.3.1 Hadoop

Hadoop 是以开源形式发布的一种对大规模数据进行分布式处理的技术。特别是处理大数据时代的非结构化数据时，Hadoop 在性能和成本方面都具有优势。Hadoop 采用 Java 语言开发，是对谷歌的 MapReduce、GFS(Google File System)和 BigTable 等核心技术的开源实现，由 Apache 软件基金会支持，是以 Hadoop HDFS 和 MapReduce 为核心，以及一些支持 Hadoop 的其他子项目的通用工具组成的分布式大数据开发平台。它主要用于海量数据(PB 级数据是大数据的临界点)高效地存储、管理和分析，具有高可靠性和良好的扩展性，可以部署在大量成本低廉的硬件设备上，为分布式计算任务提供底层支持。Hadoop 标志如图 5-3 所示。下面从 4 个方面介绍 Hadoop。

图 5-3 Hadoop 标志

1. Hadoop 的特性

Hadoop 是一个能够对大量数据进行分布式处理的软件框架，并且是以一种可靠、高效、可伸缩的方式进行处理的。它具有以下几个方面的特性。

（1）高可靠性。Hadoop 采用冗余数据存储方式，即使一个副本发生故障，其他副本也可以保证正常对外提供服务。

（2）高效性。作为并行分布式计算平台，Hadoop 采用分布式存储和分布式处理两大核心技术，能够高效地处理 PB 级别的数据。

（3）高可扩展性。Hadoop 的设计目标是可以高效、稳定地运行在廉价的计算机集群上，可以扩展到数以千计的计算机节点上。

（4）高容错性。Hadoop 采用冗余数据存储方式，自动保存数据的多个副本，并且能够自动将失败的任务进行重新分配。

（5）成本低。Hadoop 采用廉价的计算机集群，成本比较低，普通用户也很容易用自己的 PC 搭建 Hadoop 运行环境。

（6）运行在 Linux 平台上。Hadoop 是基于 Java 开发的，可以较好地运行在 Linux 操作系统上。

（7）支持多种编程语言。Hadoop 的应用程序也可以使用其他语言编写，如 C++。

目前，Hadoop 凭借其突出的优势，已经在各个领域得到了广泛的应用，而互联网领域是其应用的主要阵地。国内采用 Hadoop 的公司主要有百度、淘宝、网易、华为、中国移动等。

2. Hadoop 架构

Hadoop 是一个能够实现对大数据进行分布式处理的软件框架，由实现数据分析的 MapReduce 计算框架和底部实现数据存储的 HDFS 有机结合组成，它自动把应用程序分割成许多小的工作单元，并把这些单元放到集群中的相应节点上执行，而 HDFS 负责各个节点上数据的存储，实现高吞吐率的数据读写。Hadoop 的基础架构如图 5-4 所示。

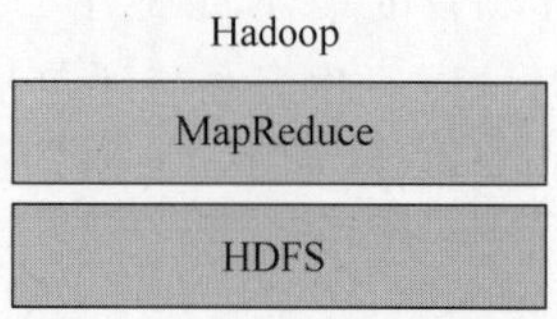

Hadoop

MapReduce

HDFS

图 5-4 Hadoop 的基础架构

HDFS 是 Hadoop 的分布式文件存储系统，整个 Hadoop 的体系结构就是通过 HDFS 实现对分布式存储的底层支持，HDFS 是 Hadoop 体系中数据存储管理的基础。为了满足大数据的处理需求，HDFS 简化了文件的一致性模型，通过流式数据访问，提供高吞吐量应用程序数据访问功能，对超大文件的访问、集群中的节点极易发生故障造成节点失效等问题进行了优化，使其适合带有大型数据集的应用程序。HDFS 的系统架构如图 5-5 所示。

MapReduce 是一种处理大量半结构化数据集合的分布式计算机框架，是 Hadoop 的一个基础且核心组件。MapReduce 分为 Map 过程和 Reduce 过程，这两个过程将大任务进行细分处理再汇总结果。其中，Map 过程对数据集上的独立元素进行指定的操作，生成“键值对”形式的中间结果。Reduce 过程则对中间结果中相同“键”的所有“值”进行规约，以得到最终结果。MapReduce 这样的功能划分，使得其非常适合在分布式并行环境里进行数据处理。MapReduce 的基本原理如图 5-6 所示。

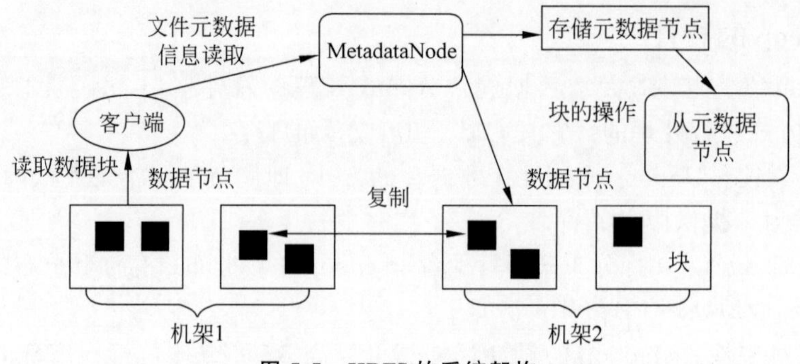

图 5-5 HDFS 的系统架构

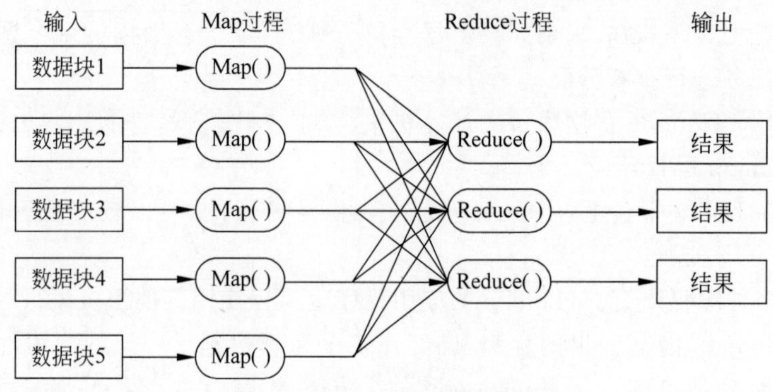

图 5-6 MapReduce 的基本原理

3. Hadoop 生态系统

经过多年的发展，Hadoop 生态系统不断完善和成熟，目前 Hadoop 已经发展成为包含很多项目的集合，形成了一个较为完善的生态系统。除了核心的 HDFS 和 MapReduce 以外，Hadoop 生态系统还包括 ZooKeeper、HBase、Hive、Pig、Mahout、Sqoop、Flume、Ambari 等功能组件，如图 5-7 所示。

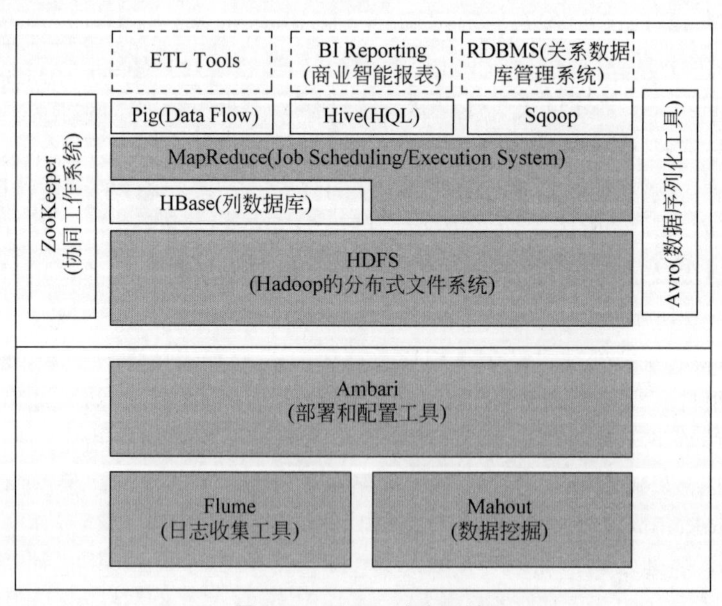

图 5-7 Hadoop 生态系统

此生态系统提供了互补性服务或在核心层上提供了更高层的服务，使 Hadoop 的应用更加方便快捷。下面对 Hadoop 的生态系统进行简单介绍。

(1) Hive(基于 Hadoop 的数据仓库)。Hive 分布式数据仓库擅长数据展示，通常用于离线分析。Hive 管理存储在 HDFS 中的数据，提供了一种类似 SQL 的查询语言(HQL)查询数据。

(2) HBase(分布式列存储数据库)。HBase 是一个针对结构化数据的可伸缩、高可靠、高性能、分布式和面向列的动态模式数据库。和传统关系数据库不同，HBase 采用了谷歌 BigTable 的数据模型：增强的稀疏排序映射表(Key/Value)。其中，键由行关键字、列关键字和时间戳构成。HBase 可以对大规模数据进行随机、实时读写访问，同时，HBase 中保存的数据支持使用 MapReduce 来处理，它将数据存储和并行计算完美地结合在一起。

(3) ZooKeeper(分布式协作服务)。ZooKeeper 是协同工作系统，用于构建分布式应用，解决分布式环境下的数据管理问题，如统一命名、状态同步、集群管理、配置同步等。

(4) Sqoop(数据同步工具)。Sqoop 是 SQL-to-Hadoop 的缩写，是完成 HDFS 和关系数据库中的数据相互转移的工具。

(5) Pig(基于 Hadoop 的数据流系统)。Pig 提供相应的数据流语言和运行环境，实现数据转换(使用管道)和实验性研究(如快速原型)。Pig 适用于数据准备阶段，运行在由 Hadoop 基本架构构建的集群上。Hive 和 Pig 都建立在 Hadoop 基本架构之上，可以用来从数据库中提取信息，交给 Hadoop 处理。

(6) Mahout(数据挖掘算法库)。Mahout 的主要目标是实现一些可扩展的机器学习领域经典算法，旨在帮助开发人员更加方便、快捷地创建智能应用程序。Mahout 现在已经包含了聚类、分类、推荐引擎(协同过滤)和频繁集挖掘等广泛使用的数据挖掘方法。除了算法，Mahout 还包含数据的输入输出工具、与其他存储系统(如数据库、MongoDB 或 Cassandra)集成等数据挖掘支持架构。

(7) Flume(日志收集工具)。Flume 是 Cloudera 提供的一个高可用、高可靠、分布式的海量日志收集工具，即 Flume 支持在日志系统中定制各类数据发送方，用于收集数据；同时，Flume 提供对数据进行简单处理，并写到各种数据接收方(可定制)的能力。

(8) Avro(数据序列化工具)。Avro 是一种新的数据序列化(Serialization)格式和传输工具，设计用于支持大批量数据交换的应用。它的主要特点有：支持二进制序列化方式，可以便捷、快速地处理大量数据；动态语言友好，Avro 提供的机制使动态语言可以方便地处理数据。

(9) BI Reporting(Business Intelligence Reporting，商业智能报表)。BI Reporting 能提供综合报告、数据分析和数据集成等功能。

(10) RDBMS(关系数据库管理系统)。RDBMS 中的数据存储在被称为表(Table)的数据库中。表是相关记录的集合，由行和列组成，是一种二维关系表。

(11) ETL Tools。ETL Tools 是构建数据仓库的重要环节，由一系列数据仓库采集工具构成。

(12) Ambari。Ambari 旨在将监控和管理等核心功能加入 Hadoop。Ambari 可帮助系统管理员部署和配置 Hadoop、升级集群，并可提供监控服务。

4. Hadoop 的应用场景

Hadoop 比较擅长的是数据密集的并行计算，主要内容是对不同的数据做相同的事情，最后再整合，即 MapReduce 的映射规约。只要是数据量大、对实时性要求不高、数据块大的应用都适合使用 Hadoop 处理。具体应用场景有系统日志分析、用户习惯分析等。

5.3.2 Storm

Storm 是一个开源的、实时的计算平台，最初由工程师 Nathan Marz 编写，后来被 Twitter 收购并贡献给 Apache 软件基金会，目前已升级为 Apache 顶级项目。作为一个基于拓扑的流数据实时计算系统，Storm 简化了传统方法对无边界流式数据的处理过程，被广泛应用于实时分析、在线机器学习、持续计算、分布式远程调用等领域。Storm 的标志如图 5-8 所示。下面从 5 个方面介绍 Storm。

图 5-8 Storm 的标志

1. Storm 的特性

Storm 作为一个开源的分布式实时计算系统，可以简单、可靠地处理大量的数据流。和 Hadoop 中的 MapReduce 降低了并行批处理复杂性类似，Storm 降低了进行实时处理的复杂性，以便于程序开发人员迅速开发出实时处理数据的程序。Storm 支持水平扩展，具有高容错性，保证每个消息都会得到处理，且处理速度很快（在一个小集群中，每个节点每秒可以处理数以百万计的消息）。Storm 的部署和运维都很便捷，而且更为重要的是，可以使用任意编程语言来开发基于 Storm 的应用，这使得 Storm 成为当前大数据环境下非常流行的流数据实时计算系统。以下是 Storm 的特性。

（1）完整性。Storm 采用了 Acker 机制，保证数据不丢失；同时采用事务机制，保证数据的精确性。

（2）容错性。由于 Storm 的守护进程（Nimbus、Supervisor）都是无状态和快速恢复的，因此用户可以根据情况进行重启。当工作进程（Worker）失败或机器发生故障时，Storm 可自动分配新的 Worker 替换原来的 Worker，而且不会产生额外的影响。

（3）易用性。Storm 只需少量的安装及配置工作便可以进行部署和启动，并且进行开发时非常迅速，用户也易上手。

（4）免费和开源。Storm 是开源项目，同时，EPL 协议也是一个相对自由的开源协议，用户有权对自己的 Storm 应用开源或封闭。

（5）支持多种语言。Storm 使用 Clojure 语言开发，接口基本上都是由 Java 提供的，但 Storm 可以使用多种编程语言，并且 Storm 为多种编程语言实现了该协议的适配器，包括

Ruby、Python、PHP、Perl 等。

2. Storm 架构

Storm 采用的是主从架构模式(Master/Slave),主节点为 Nimbus,从节点为 Supervisor,其体系结构如图 5-9 所示。

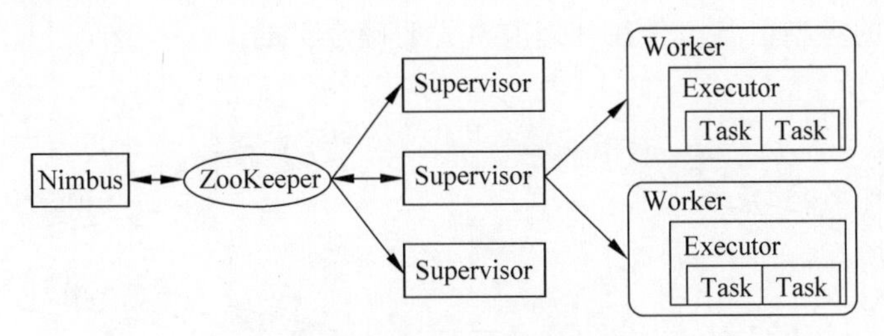

图 5-9　Storm 的体系结构

主节点 Nimbus 负责在集群分发任务(Topology)的代码以及监控等。在接收一个任务后,从节点 Supervisor 会启动一个或多个 Worker 来处理任务。所以实际上,任务最终都是分配到了 Worker 上。

3. Storm 的核心组件

Storm 的核心组件包括 Topology、Nimbus、Supervisor、Worker、Executor、Task、Spout、Bolt、Tuple、Stream、Stream 分组等,具体组件介绍如表 5-1 所示。

表 5-1　Storm 的核心组件介绍

组　　件	概　　念
Topology	一个实时计算应用程序,逻辑上被封装在 Topology 对象中,类似于 Hadoop 中的作业。不同的是,Topology 会一直运行到该进程结束
Nimbus	负责资源分配和任务调度,类似于 Hadoop 中的 JobTracker
Supervisor	负责接收 Nimbus 分配的任务,启动和停止管理的 Worker 进程,类似于 Hadoop 中的 TaskTracker
Worker	具体的逻辑处理组件
Executor	Storm 0.8 之后,Executor 是 Worker 进程中的具体物理进程,同一个 Spout/Bolt 的 Task 可能会共享一个物理进程,一个 Executor 中只能运行隶属于同一个 Spout/Bolt 的 Task
Task	每一个 Spout/Bolt 具体要做的工作内容,同时也是各个节点之间进行分组的单位
Spout	在 Topology 中产生数据源的组件。通常 Spout 获取数据源的数据,再调用 NextTuple()函数,发送数据供 Bolt 消费
Bolt	在 Topology 中接收 Spout 的数据,再执行处理的组件。Bolt 可以执行过滤、函数操作、合并、写数据库等。Bolt 接收到消息后调用 Execute()函数,用户可以在其中执行相应的操作
Tuple	消息传递的基本单元
Stream	源源不断传递的 Tuple 组成了 Stream,也就是数据流
Stream 分组	消息的分组方法。Storm 中提供若干实用的分组方法,包括 Shuffle、Fields、All、Global、None、Direct 和 Local or Shuffle 等

4. Storm 数据流

Storm 处理的数据被称为数据流(Stream)。数据流在 Storm 内各组件之间的传输形式是一系列元组(Tuple)序列,其传输过程如图 5-10 所示。每个 Tuple 内可以包含不同类型的数据,如 Int、String 等类型,但不同 Tuple 间对应位置上数据的类型必须一致,这是因为 Tuple 中数据的类型由各组件在处理前事先明确定义的。

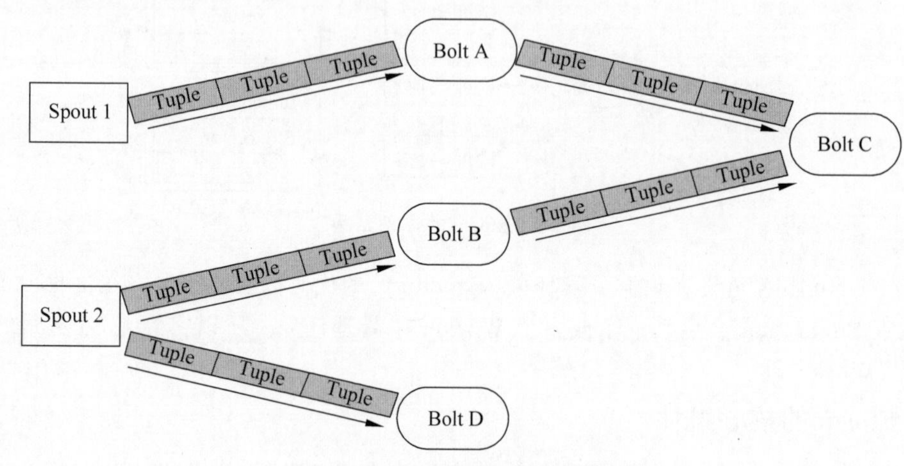

图 5-10 Storm 数据流的传输过程

Storm 集群中每个节点每秒可以处理成百上千个 Tuple,数据流在各个组件间类似于水流一样源源不断地从前一个组件流向后一个组件,而 Tuple 类似于承载数据流的管道。

5. Storm 的应用场景

Storm 的应用场景主要表现在信息流处理、连续计算和分布式远程程序调用等方面。

(1) 信息流处理(Stream Processing)。

Storm 可用来对数据进行实时处理并且及时更新数据库内容,同时兼具容错性和可扩展性。

(2) 连续计算(Continuous Computation)。

Storm 可进行连续查询并把结果即时反馈给客户端,例如在电子商务网站上实时搜索到商品信息等。

(3) 分布式远程程序调用(Distributed RPC)。

Storm 可用来并行处理密集查询,其拓扑结构是一个等待调用信息的分布函数,当它收到一条调用信息后,会对查询进行计算,并返回查询结果。

5.3.3 Spark

Spark 是由加州大学伯克利分校 AMP 实验室在 2009 年开发的,是一个开源的基于内存的大数据计算框架,保留了 Hadoop 的 MapReduce 高容错和高伸缩的特性,不同的是 Spark 将中间结果保存在内存中,从而不再需要读写 HDFS,因此 Spark 能更好地适用于数据挖掘与机器学习等需要迭代的 MapReduce 模式的算法。另外,Spark 可以将 Hadoop 集群中的应用在内存中的运行速度提升约 100 倍,在磁盘上的运行速度提升约 10 倍。Spark

具有快速、易用、通用、兼容性好 4 个特点，实现了高效的 DAG(Directed Acyclic Graph，有向无环图)执行引擎，支持通过内存计算高效处理数据流。可以使用 Java、Scala、Python、R 等语言轻松构建并行应用程序以及通过 Python、Scala 的交互式 Shell 在 Spark 集群中验证解决思路是否正确。Spark 的标志如图 5-11 所示。下面从 4 个方面介绍 Spark。

图 5-11 Spark 的标志

1. Spark 的特性

Spark 是一种基于内存的、分布式的、大数据处理框架。在 Hadoop 的强势之下，Spark 凭借快速、简洁易用、通用性以及支持多种运行模式 4 大特征，冲破固有思路，成为很多企业的标准大数据分析框架。作为现在主流的运算框架，Spark 有很多优点。

(1) 快速。

Spark 函数运行时，绝大多数函数是可以在内存中迭代的，只有少部分函数需要落地到磁盘。因此，Spark 与 MapReduce 相比，在计算性能上有显著的提升。

(2) 易用。

Spark 不仅计算性能突出，在易用性方面也是其他同类产品难以比拟的。一方面，Spark 提供了支持多种语言的 API，如 Scala、Java、Python、R 等，使用户开发 Spark 程序十分方便。另一方面，Spark 是基于 Scala 语言开发的，由于 Scala 是一种面向对象的、函数式的静态编程语言，因此其强大的类型推断、模式匹配、隐式转换等一系列功能，结合丰富的描述能力，使得 Spark 应用程序代码非常简洁。Spark 的易用性还体现在其针对数据处理提供了丰富的操作。

(3) 通用性。

Spark 没有出现时，进行计算需要安装 MapReduce，批处理需要安装 Hive，实时分析需要安装 Storm，机器学习需要安装 Mahout 或者 Mllib，查询需要安装 HBase。Spark 出现后，计算时用 Spark Core，进行 SQL 操作时可以使用 Spark SQL，实时分析时就用 Spark Streaming。相对于第一代的大数据生态系统 Hadoop 中的 MapReduce，Spark 无论是在性能还是在方案的统一性方面，都有着极大的优势。

(4) 支持多种运行模式。

Spark 支持多种运行模式：本地(Local)运行模式、独立运行模式等。Spark 集群的底层资源可以借助于外部的框架进行管理，目前 Spark 对 Mesos 和 Yarn 提供了相对稳定的支持。在实际运行环境中，中小规模的 Spark 集群通常可满足一般企业绝大多数的业务需求，而在搭建此类集群时推荐采用 Standalone 模式(不采用外部的资源管理框架)。该模式使得 Spark 集群更加轻量级。

2. Spark 的体系架构

Spark 的体系架构包括 Spark Core 以及在 Spark Core 基础上建立的应用框架 Spark

SQL、Spark Streaming、MLlib、GraphX、Structured Streaming、SparkR。Spark Core 是Spark中最重要的部分，相当于MapReduce，SparkCore和MapReduce完成的都是离线数据分析。Core库主要包括Spark的主要入口点（即编写Spark程序用到的第一个类）、整个应用的上下文（SparkContext）、弹性分布式数据集（RDD）、调度器（Scheduler）、对无规则的数据进行重组排序（Shuffle）和序列化器（Serializer）等。Spark SQL提供通过Hive查询语言（HiveQL）与Spark进行交互的API，将Spark SQL查询转换为Spark操作，并且每个数据库表都被当作一个RDD。Spark Streaming对实时数据流进行处理和控制，允许程序能够像普通RDD一样处理实时数据。MLlib是Spark提供的机器学习算法库。GraphX提供了控制图、并行图操作和计算的算法和工具。Spark的体系架构如图5-12所示。

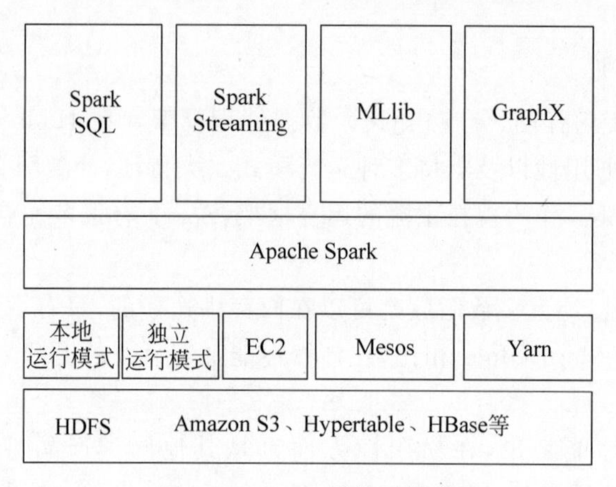

图5-12　Spark的体系架构

3. Spark的扩展功能

目前Spark的生态系统以Spark Core为核心，然后在此基础上建立了处理结构化数据的Spark SQL、对实时数据流进行处理的Spark Streaming、用于图计算的GraphX、机器学习算法库MLlib 4个子框架，如图5-13所示。整个生态系统实现了在一套软件栈内完成各种大数据分析任务的目标。下面分别对这4个子框架进行简单介绍。

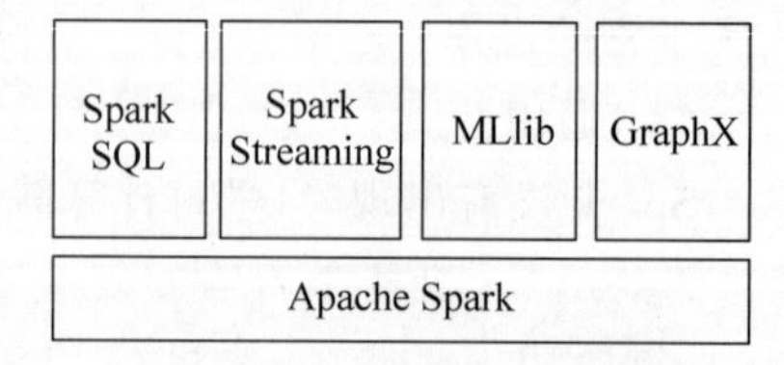

图5-13　Spark的生态系统

1）Spark SQL

Spark SQL的主要功能是分析处理结构化数据，可以随时查看数据结构和正在执行的运算信息。Spark SQL是Spark用来处理结构化数据的一个模块，不同于Spark RDD的基本API，Spark SQL接口提供了更多关于数据结构和正在执行的计算结构的信息，并利用这些信息去更好地进行优化。

2）Spark Streaming

Spark Streaming用于处理流式计算，是Spark核心API的一个扩展。它支持可伸缩、高吞吐量、可容错的处理实时数据流，能够和Spark的其他模块无缝集成。Spark Streaming支持从多种数据源获取数据，如Kafka、Flume、Kinesis和HDFS等，获取数据后可以通过Map()、Reduce()、Join()和Window()等高级函数对数据进行处理。最后还可以将处理结果推送到文件系统、数据库等。

3）MLlib

MLlib（Machine Learning lib）是Spark的机器学习算法的实现库，同时包括相关的测试和数据生成器，专为在集群上并行运行而设计，旨在使机器学习变得可扩展和更容易实现。MLlib目前支持常见的机器学习算法，还包括了底层的优化原语和高层的管道API。

4）GraphX

GraphX是Spark中用于图形并行计算的组件，通过引入核心抽象Resilient Distributed Property Graph（一种点和边都带属性的有向多重图）扩展了Spark RDD这种抽象的数据结构。Property Graph有Table和Graph两种视图，但只有一份物理存储，物理存储由VertexRDD和EdgeRDD这两个RDD组成。这两种视图都有自己独有的操作符，从而使操作更加灵活，提高了执行效率。

当一个图的规模非常大时，就需要使用分布式图计算框架。与其他分布式图计算框架相比，GraphX最大的贡献是在Spark中提供了一站式数据解决方案，可以方便且高效地完成图计算的一整套流水作业。GraphX采用分布式框架的目的是将对巨型图的各种操作包装成简单的接口，从而在分布式存储、并行计算等复杂问题上对上层透明，从而使得开发者可以更加聚焦在图计算相关的模型设计和使用上，而不用关心底层的分布式细节，极大地满足了对分布式图处理的需求。

4. Spark的应用场景

Spark是专为大规模数据处理而设计的快速通用的计算引擎，现已形成一个高速发展、应用广泛的生态系统，其主要应用场景如下。

(1) 多次操作特定数据集的应用场合。Spark是基于内存的迭代计算框架，适用于需要多次操作特定数据集的应用场合。需要反复操作的次数越多，所需读取的数据量越大，受益越大；数据量小但是计算密集度较大的场合，受益就相对较小。

(2) 粗粒度更新状态的应用。由于RDD的特性，Spark不适用那种异步细粒度更新状态的应用，例如Web服务的存储或者增量的Web爬虫和索引，就是对于那种增量修改的应用模型不适合。

(3) 数据量不是特别大，但是适合实时统计分析的需求应用。

目前，大数据技术在互联网公司主要应用在广告、报表、推荐系统等业务上。在广告业务方面需要大数据技术做应用分析、效果分析、定向优化等；在推荐系统方面则需要大数据技术优化相关排名、个性化推荐以及热点分析等。这些应用场景的普遍特点是计算量大、效率要求高，Spark恰恰可以满足这些要求。

5.3.4 Hadoop、Spark与Storm的比较

处理框架是大数据系统一个最基本的组件，负责对系统中的数据进行计算。按照处理类型的不同，可分为批处理框架、流处理框架和混合框架。

Hadoop是一种专用于批处理的处理框架。Hadoop重新实现了相关算法和组件堆栈，让大规模批处理技术变得更易用。Hadoop包含多个组件，通过配合使用可处理批数据。

Hadoop的处理功能来自MapReduce引擎。MapReduce的处理技术符合使用键值对的Map、Shuffle、Reduce算法要求。由于这种方法严重依赖持久存储，每个任务需要多次执行读取和写入操作，因此速度相对较慢。但磁盘空间通常是服务器上最丰富的资源，

这意味着 MapReduce 可以处理非常海量的数据集，同时也意味着相比其他类似技术，Hadoop 的 MapReduce 通常可以在廉价硬件上运行，因为该技术并不需要将一切都存储在内存中。而且 MapReduce 具备极高的缩放潜力，实际生产中曾经出现过包含数万个节点的应用。

Storm 是一种侧重于极低延迟的流处理框架，也是实时处理领域的最佳解决方案。该技术可处理非常大量的数据，通常提供比其他解决方案更低的延迟结果。如果处理速度直接影响用户体验，如需要将处理结果直接提供给访客打开的网站页面，此时 Storm 是一个很好的选择。Storm 与 Trident 配合使得用户可以用微批代替纯粹的流处理。

在操作性方面，Storm 可与 Hadoop 的 YARN 资源管理器进行集成，因此可以很方便地融入现有 Hadoop 部署。除了支持大部分处理框架，Storm 还可支持多种语言，为用户的拓扑定义提供了更多选择。

Spark 是一种包含流处理能力的下一代批处理框架。与 Hadoop 的 MapReduce 引擎基于各种相同原则开发相比，Spark 主要侧重于通过完善的内存计算和处理优化机制加快批处理工作负载的运行速度。Spark 可作为独立集群部署(需要相应存储层的配合)，或可与 Hadoop 集成并取代 MapReduce 引擎。

Spark 在内存中处理数据的方式已大幅改善，而且，Spark 在处理与磁盘有关的任务时速度也有很大提升，因为通过提前对整个任务集进行分析可以实现更完善的整体式优化。为此 Spark 可创建代表所需执行的全部操作、需要操作的数据，以及操作和数据之间关系的有向无环图(Directed Acyclic Graph，DAG)。

Spark 相对于 Hadoop 或 MapReduce 的主要优势是速度。在内存计算策略和先进的 DAG 调度等机制的帮助下，Spark 可以用更快的速度处理相同的数据集。Spark 的另一个重要优势在于多样性。该产品可作为独立集群部署，或与现有 Hadoop 集群集成。该产品可运行批处理和流处理，运行一个集群即可处理不同类型的任务。除了引擎自身的能力外，围绕 Spark 还建立了包含各种库的生态系统，可为机器学习、交互式查询等任务提供更好的支持。相比于其他框架，Spark 任务的代码也更易于编写，因此可大幅提高生产力。

Hadoop、Storm 与 Spark 这三种框架，每个框架都有自己的最佳应用场景。所以，在不同的应用场景下，应该选择不同的框架。Spark 是多样化工作负载处理任务的最佳选择。Spark 批处理能力以更高内存占用为代价提供了无与伦比的速度优势。对于重视吞吐率而非延迟的工作负载，则比较适合使用 Spark Streaming 作为流处理解决方案。Hadoop 及其 MapReduce 处理引擎提供了一套久经考验的批处理模型，最适合处理对时间要求不高的非常大规模数据集，通过非常低成本的组件即可搭建完整功能的 Hadoop 集群，使得这一廉价且高效的处理技术可以灵活应用在很多案例中。与其他框架和引擎的兼容与集成能力使得 Hadoop 可以成为使用不同技术的多种工作负载处理平台的底层基础。对于延迟需求很高的纯粹的流处理工作负载，Storm 可能是最适合的技术。该技术可以保证每条消息都被处理，可配合多种编程语言使用。由于 Storm 无法进行批处理，因此如果需要这些能力可能还需要使用其他软件。如果对严格的一次处理保证有比较高的要求，此时可考虑使用 Storm 与 Trident 配合处理。不过在这种情况下，其他流处理框架也许更适合。

5.4　云计算

目前,云计算已经成为推动社会生产力变革的新生力量。从技术上看,大数据与云计算的关系就像一枚硬币的正反面一样密不可分。大数据的主要任务是对海量数据进行分析,它需要通过云计算的分布式处理、分布式数据库、云存储和虚拟化技术来实现；云计算为大数据提供了弹性可拓展的基础设施,也是产生大数据的平台之一。

5.4.1　云计算的概念与特点

2006年,谷歌公司CEO埃里克·施密特(Eric Schmidt)在搜索引擎大会上首次提出"云计算"的概念及体系架构,并快速得到了业界认可。2008年,"云计算"概念全面进入中国。2009年,中国首届云计算大会召开,此后云计算技术和产品迅速发展起来。

到目前为止,云计算并没有一个统一的定义,业界对云计算的定义达100多种,下面列出两个经典的云计算的概念。

(1) 维基百科：云计算是一种动态扩展的计算模式,通过网络将虚拟化的资源作为服务提供给用户。

(2) 美国国家标准与技术研究院(National Institute of Standards and Technology,NIST)：云计算是一种无处不在的、便捷的通过互联网访问的一个可定制的IT资源(IT资源包括网络、服务器、存储、应用软件和服务)共享池,是一种按使用量付费的模式。它能够通过最少量的管理或与服务供应商的互动实现计算资源的迅速供给和释放。这也是现阶段广为接受的云计算的定义。

简而言之,云计算是一种通过互联网以服务的方式提供动态可伸缩的虚拟化资源的计算模式。云计算的资源是分布式架构,通过虚拟化技术实现动态易扩展。终端用户不需要了解"云"中基础设施的细节,不必具有相应的专业知识,也无须直接进行控制,只关注自己真正需要什么样的资源以及如何通过网络来得到相应的服务。与传统计算机系统相比,云计算具有如下特点。

(1) 超大规模。目前,谷歌云计算已经拥有服务器达100多万台,Amazon、IBM、Yahoo等公司也都分别拥有数十万台服务器。众多服务器给用户提供了强大的计算能力。

(2) 虚拟化。云计算支持用户在云端覆盖的范围内随时随地、使用各种各样的终端获取云服务。用户所请求的资源来自"云",而不是固定的物理实体,用户也无须了解应用运行的具体位置。

(3) 高可靠性。云计算使用数据多副本容错、计算节点同构可互换等措施,从而有效地保障了云计算的可靠性。

(4) 通用性。在"云"的支撑下,人们可以构造出各种各样的应用,同一个"云"也可以同时支撑不同的应用同时运行。

(5) 高可扩展性。云的规模可以弹性伸缩,满足应用和用户规模增长的需要。

(6) 按需服务。"云"是一个庞大的资源池,用户可根据自己的需要自行决定购买哪些服务。

(7) 极其廉价。不采用复杂而昂贵的节点进行构建,成本低廉。其自动化集中式管理使大量企业无须负担日益高昂的数据中心管理成本。再加上“云”的强通用性使资源的利用率大幅度提升。

5.4.2 云计算的主要部署模式

2011 年，在美国《联邦云计算战略报告》中定义了 4 种云：公有云、私有云、混合云和社区云，国内将社区云改成了联合云。社区云应用比较窄，它是面向社团组织内用户的云计算服务平台。所以根据实际情况，云计算按部署模式主要可分为公有云、私有云和混合云，如图 5-14 所示。

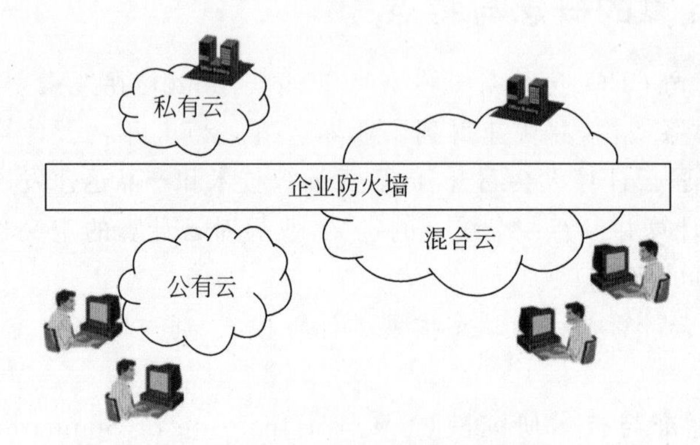

图 5-14 云计算的主要部署模式

1. 公有云

公有云提供面向社会大众、公共群体的云计算服务。公有云用户以付费的方式，根据业务需要弹性使用 IT 分配的资源，用户不需要自己构建硬件、软件等基础设施和后期维护，可以在任何地方、任何时间、多种方式，以互联网的形式访问、获取资源。公有云如同日常生活中按需购买使用的水、电一样，人们可以方便、快捷地享受服务。

目前，比较流行的公有云平台有国外的亚马逊云平台 AWS(Amazon Web Services)、GAE(Google App Engine)等和国内的 SAE(Sina App Engine)、BAE(Baidu App Engine)等。亚马逊的 AWS 提供了大量基于云的全球性产品，包括计算、存储、数据库、分析、联网、移动产品、开发人员工具、管理工具、物联网、安全性和企业级应用程序。这些服务及应用程序可帮助企业或组织快速发展自己的业务、降低 IT 成本，使来自中国乃至全球的众多客户从中获益。公有云有很多优点，但最大的缺点是难以保证数据的私密性。

2. 私有云

私有云提供面向应用行业/组织内的云计算服务。私有云一般由一个组织来使用，同时由这个组织来运营，如政府机关、移动通信、学校等内部使用的云平台。私有云可较好地解决数据私密性问题，对移动通信、公安等数据私密性要求特别高的企业或机构，建设私有云将是一个必然的选择。

使用私有云提供的云计算服务需要一定的权限，一般只提供给企业内部员工使用。其主要目的是合理地组织企业已有的软硬件资源，提供更加可靠、弹性的服务供企业内部使用。比较流行的私有云平台有 VMware vCloud Suite 和微软公司的 Microsoft System Center 2016。

3. 混合云

混合云是把公有云和私有云进行整合，取二者的优点，是近年来云计算的主要模式和发展方向。私有云主要面向企业用户，出于安全考虑，企业更愿意将数据存放在私有云中，但是同时又希望可以获得公有云的计算资源。在这种情况下，混合云越来越多地被采用。它对公有云和私有云进行融合和匹配，以获得更佳的效果。这种个性化的解决方案，达到了既省钱又安全的目的，给企业带来真正意义上的云计算服务。混合云是未来云发展的方向。混合云既能利用企业在IT基础设施的巨大投入，又能解决公有云带来的数据安全等问题，是避免企业变成信息孤岛的最佳解决方案。混合云强调基础设施是由两种或多种云组成的，但对外呈现的是一个完整的整体。企业正常运营时，把重要数据（如财务数据）保存在自己的私有云中，把不重要的信息或需要对公众开放的信息放到公有云中。

组建混合云的利器是OpenStack，它可以把各种云计算平台资源进行异构整合，构建企业级混合云，使企业可以根据自己的需求灵活自定义各种云计算服务。在搭建企业云计算平台时，使用OpenStack架构是最理想的解决方案，虽然入门门槛较高，但是随着项目规模的扩大，企业终将从中受益，因为不必支付云平台中软件的购买费用。

混合云计算的典型案例是12306火车票购票网站。12306购票网站最初是私有云计算，消费者平时用12306购票没有问题，但是一到节假日（如春节）有大量购票需求时，消费者在购票时就会出现页面响应慢或者页面报错的情况，甚至还会出现无法付款的情况，用户体验特别差。为了解决上述问题，12306火车购票网站与第三方公司签订战略合作，由第三方公司提供计算能力以满足业务高峰期查票检索服务，而支付业务等关键业务在12306自己的私有云环境之中运行。两者组合成一个新的混合云，对外呈现的还是一个完整的系统。

5.4.3　云计算的主要服务模式

云计算的主要服务模式有3类：基础即服务（Infrastructure as a Service，IaaS）、平台即服务（Platform as a Service，PaaS）和软件即服务（Software as a Service，SaaS），如图5-15所示。IaaS侧重于硬件资源服务，注重计算资源的共享，消费者通过互联网可以从完善的计算机基础设施中获得服务；PaaS侧重于平台服务，以服务平台或者开发环境提供服务；SaaS侧重于软件服务，通过网络提供软件程序服务。

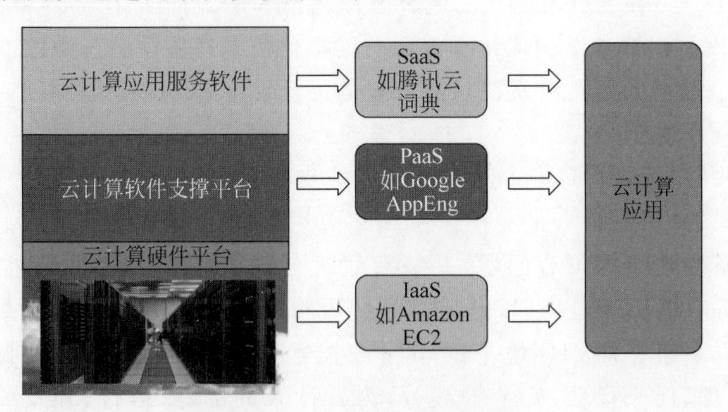

图5-15　云计算的3类服务模式

(1) IaaS。

该层指云计算服务商提供虚拟的硬件资源，用户通过网络租赁即可搭建自己的应用系统。IaaS属于底层，向用户提供可快速部署、按需分配、按需付费的高安全与高可靠的计算能力，并向用户提供存储能力的租用服务，还可为应用提供开放的云服务接口。用户可以根据业务需求，灵活租用相应的云基础资源。

(2) PaaS。

该层将云计算应用程序开发和部署的平台作为一种服务提供给客户。该服务包括应用设计、应用开发、应用测试和应用托管等。开发者只需要上传代码和数据就可以使用云服务，而不需要关心底层的具体实现方式和管理模式。

(3) SaaS。

该层通过部署硬件基础设施对外提供服务。用户可以根据各自的需求购买虚拟或实体的计算、存储、网络等资源。用户可以在购买的空间内部署和运行包括操作系统和应用程序在内的软件，而不需管理或控制任何云计算基础设施(事实上也不能管理或控制)，但用户可以选择操作系统、存储空间并部署自己的应用，也可以控制有限的网络组件(如防火墙、负载均衡器等)。

无论是IaaS、PaaS还是SaaS，其核心理念都是为用户提供按需服务。总体上来说，云计算通过互联网将超大规模的计算与存储资源整合起来，再以可信任服务的形式按需提供给用户。

5.4.4 云计算的主要技术

从技术角度看，云计算包含云设备和云服务两个部分。云设备包含用于弹性计算的服务器设备，用于数据保存的存储设备，用于数据通信的网络设备和其他用于云安全、互联网应用、负载均衡等硬件设备。云服务包含用于物理资源虚拟化调度管理的弹性计算服务、大数据处理服务、网络应用服务、数据安全服务、应用程序接口服务、自动化运维和管理服务等。总体来说，云计算的主要技术有以下3种。

(1) 虚拟化技术。

虚拟化指计算单元不在真实的单元上而在虚拟的单元上运行，是一种优化资源和简化管理的计算方案。虚拟化技术适合在云计算平台中应用，虚拟化的核心解决了云计算等对硬件的依赖，提供统一的虚拟化界面；通过虚拟化技术，人们可以在一台服务器上运行多台虚拟机，从而实现了对服务器的优化和整合。虚拟化技术使用动态资源伸缩的手段，降低了云计算基础设施的使用成本，并提高负载部署的灵活性。

(2) 中间件技术。

支持应用软件的开发、运行、部署和管理的支撑软件被称为中间件。中间件是运行在两个层次之间的一种组件，是在操作系统和应用软件之间的软件层次。中间件可以屏蔽硬件和操作系统之间的兼容问题，并具有管理分布式系统中的节点间的通信、节点资源和协调工作等功能。通过中间件技术，人们可将不同平台的计算节点组成一个功能强大的分布式计算系统。而云环境下的中间件技术，其主要功能是对云服务资源进行管理，包含用户管理、任务管理、安全管理等，为云计算的部署、运行、开发和应用提供高效支撑。

（3）云存储技术。

在云计算中，云存储技术通常和虚拟化技术相互结合起来，通过对数据资源的虚拟化，提高访问效率。目前，数据存储技术 HDFS 和谷歌公司的 GFS 具有高吞吐率、分布式和高速传输等优点，因此，采用云存储技术，可满足云计算为大量用户提供云服务的需求。

5.4.5　云计算与大数据的关系

大数据复杂的需求对技术实现和底层计算资源都提出了更高的要求，而云计算所具备的弹性伸缩、动态调配、资源虚拟化、支持多租户、支持按量计费或按需使用及绿色节能等基本要素，正好契合了新型大数据处理技术的需求，也正在成为解决大数据问题的未来计算技术发展的重要方向。大数据与云计算的关系如图 5-16 所示。

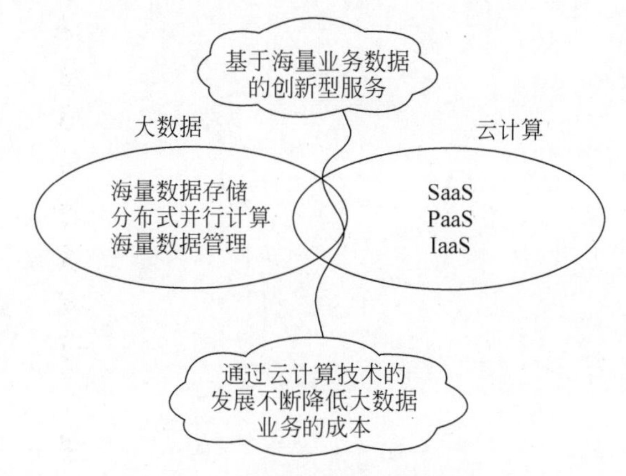

图 5-16　大数据与云计算的关系

云计算的实质是服务，是一种新兴的商业计算模式。“云”概念的提出是因为它的规模很大，可以根据业务动态伸缩。云计算是提供给这种商业模式的具体实现，是互联网产业发展到一定阶段的必然产物。云计算与大数据是一对相辅相成的概念，它们描述了面向数据时代信息技术的两个方面，云计算侧重于提供资源和应用的网络化交付方法，大数据侧重于应对数据量巨大所带来的技术挑战。

云计算的核心是业务模式，其本质是数据处理技术。数据是资产，云计算为数据资产提供了存储、访问的场所和计算能力，即云计算更偏重海量数据的存储和计算，以及提供云计算服务，运行云应用。但是云计算缺乏盘活数据资产的能力，挖掘价值性信息和进行预测性分析，为国家治理、企业决策乃至个人生活服务，这是大数据的核心议题。云计算是基础设施架构，大数据是思想方法，大数据技术将帮助人们从大体量、高度复杂的数据中分析、挖掘信息，从而发现价值和预测趋势。

知识巩固与技能训练

一、名词解释

1. Hadoop　2. Storm　3. Spark　4. IaaS　5. PaaS　6. SaaS

二、思考题

1. 简述大数据的四层堆栈式技术架构。
2. 简述 HDFS 存储数据的优点。
3. 简述 Hadoop 生态系统包括哪些组成部分,以及各部分对应的功能。
4. 根据自己的理解,说一说云计算有什么特点。
5. 简述云计算的 3 种主要服务模式。
6. 简述云计算与大数据之间的关系。

三、网络搜索和浏览

结合查阅的相关文献资料,列举 Hadoop、Spark 与 Storm 的适用场景。

第6章 商业大数据

导读案例

银泰的大数据战略

银泰商业有限公司(以下简称银泰)成立于1998年,是一家全面架构在云上的互联网百货公司,营业面积、经营业绩和业务创新能力皆名列中国零售业前茅。银泰立足全国,以创新为血脉,线上线下齐头并进,以"让天下没有难做的生意"为使命,致力于成为大数据驱动的消费解决方案提供商。银泰作为新零售的代表,引领百货行业的新零售变革——通过"人、货、场"的数字化重构,实现会员通、商品通和服务通。银泰致力于建立数字化会员系统和全国首个百货业付费会员体系INTIME365,整合优化供应链。银泰创新新零售,推出喵街等多个"互联网+"产品,着力打造智能化新商场,开创了线上线下相融合的购物场景和营运模式。

2020年10月22日,在银泰供应商大会上,银泰CEO陈晓东宣布:截至2020年9月,银泰数字化会员比去年翻一番,已经逼近2000万。在全球实体商业增长乏力的情况下,银泰业绩不降反增,在一年时间里创造了41个销售破千万的单品,爆款商品仅单品就售出10万件,堪称"新零售速度"。

陈晓东指出,此前银泰的增长主要是靠规模的扩张,多做一元钱的生意需要多一个柜台。发展新零售战略,银泰追求的是通过大数据技术实现商业效率倍增。依托新零售,银泰成功突破了百货业地理位置和时间的局限性,在线上跑出第二条增长曲线。

除此之外,银泰在百货门店和购物中心铺设免费WiFi,逐步爬取用户数据,包括进店用户数据和VIP用户数据,利用银泰网,打通了线下实体店和线上的VIP账号。当一位已注册账号的客人进入实体店,他的手机连接上WiFi,后台就能认出来,他过往与银泰的所有互动记录、喜好便会一一在后台呈现。通过对实体店顾客的电子小票、行走路线、停留区域的分析,可判别消费者的购物喜好,分析购物行为、购物频率和品类搭配的一些习惯。依托数字化这一"基础设施",银泰在百货业内增长遥遥领先,成功抵御了新冠疫情风险。

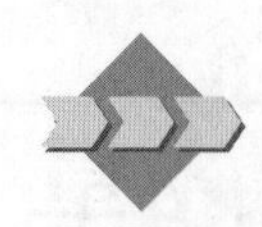

6.1 精准营销

网络精准营销是企业网络营销的一个要求，同时也是一种确实可实践的推广方法。对于那些投入资金少、缺乏专业营销团队的中小企业十分受用，可以做到把每一分钱都用在刀刃上，使企业节约投入成本，同时又可达到预期的推广成果。

6.1.1 什么是精准营销

精准营销(Precision Marketing)就是在精准定位的基础上，依托现代信息技术手段建立个性化的顾客沟通服务体系，实现企业可度量的低成本扩张之路，是有态度的网络营销理念中的核心观点之一。精准营销有3个层面的含义：第一，精准的营销思想，营销的终极追求就是无营销的营销，到达终极思想的过渡就是逐步精准。第二，精准营销是实施精准的体系保证和手段，而这种手段是可衡量的。第三，精准营销是达到低成本可持续发展的企业目标。

精准营销也是当今时代企业营销的关键，如何做到精准是系统化流程。有的企业会通过做好相应企业营销分析、市场营销状况分析、人群定位分析来实现精准营销，但最主要的是需要充分挖掘企业产品所具有的诉求点，实现真正意义上的精准营销。

精准营销是时下非常时髦的一个营销术语。其大致意思就是充分利用各种新式媒体，将营销信息推送到比较准确的受众群体中，从而既节省营销成本，又起到最大化的营销效果。这里的新式媒体，一般意义上指的是除报纸、杂志、广播、电视之外的媒体。

6.1.2 精准营销典型案例分析

用户在哪里，精准的营销就到哪里。辛苦开发的App，如何让用户更满意？通过精细化运营、栏位规则推荐、个性化智能推荐等方式，提升用户留存；借助在线弹窗、在线标签等在线服务功能，实现高时效性的触达，提升用户体验……

下面介绍一个精准营销案例：如何通过用户画像做好App精准营销。该案例从以下几个方面进行讲解。

(1) 什么是用户画像。

用户画像是建立在一系列真实数据之上的目标用户模型，即根据用户的属性及行为特征，抽象出相应的标签拟合而成的虚拟的形象。从本质上来说，用户画像是数据的标签化。在大数据时代，企业通过对海量数据信息进行清洗、聚类、分析，将数据抽象成标签，再利用这些标签将用户形象具体化就是用户画像的建立过程。

用户画像的构成元素主要包含基本属性(性别、年龄层次、地域等)、社会属性(收入水平、有无房车、职业职位等)、行为属性(购物偏好、观影偏好、理财偏好等)及心理属性(是否崇尚自然，注重性价比)等。用户画像如图6-1所示。

(2) 用户画像的作用。

用户画像主要应用在个性化推荐、精准营销、精细化运营、辅助产品设计、用户分析等方面。例如，在个性化推荐方面，借助用户画像为用户提供个性化的消息推送和决策支持，可以大大提升用户黏性。亚马逊的成功就有一大部分归功于推荐系统。据统计，亚马逊有

图 6-1　用户画像

35%的销售额都与推荐系统相关。可想而知，用户在浏览手机通知栏或打开App时，能看到符合心意的消息推送，惊喜之余，便会忍不住点进去一探究竟。此外，推荐系统在不断提高推荐精准度的同时，还能做到根据用户的实时行为修正实时用户画像，推送最新的消息。除了日常通知栏收到的消息推送，打开App时看到的开屏广告、视频前贴片广告等，电商应用内横幅(Banner)等黄金位置的展示，都是主要的信息接收渠道，App运营者可以利用用户画像数据指导广告投放，不仅能够降低成本，还可以大大促进点击率及转化率，提升整体广告投放效果。

当然，用户画像在精细化运营体系中也发挥了不可或缺的核心功能。随着产品功能不断丰富优化，用户数量大幅增加，用户需求的多样化和产品服务的多样化之间就存在了匹配和不匹配、选择与不选择、喜欢与不喜欢之间的矛盾。这时候，就需要对用户建立画像，从而更好地区别不同特征用户的不同需求。

(3) 借助用户画像做好精细化运营。

那么，如何借助用户画像这一基本工具做好App精细化运营呢？首先，要清楚互联网用户生命周期管理的5个阶段：获客期、成长期、成熟期、衰退期以及流失期。不同阶段具有不同的特征，App运营也需要有不同的策略。比如在获客期，App运营者更关注如何低成本获取流量；在成长期，如何提升用户黏性是更需要关注的问题。在整个阶段中，运用好用户画像这一基本工具，可以为运营增色助力。

① 获客期：找到精准人群。

App在进行推广之初，需要找到合适的渠道进行投放，在做好渠道质量分析后，最重要的是要找到精准人群，即通过细分定位，精准勾勒出目标人群的用户画像。接下来是相似人群扩量，即通过Lookalike算法，扩充目标用户群体，找到更多的潜在目标人群。最后是对用户质量的评估，即通过分析相关数据与用户画像是否匹配、线下行为场景是否集中以及设备活跃时间是否固定等维度，对新客的真伪进行判别，精准识别虚假设备和流量，过滤低转化人群，控制App获客成本。

② 成长期：做好冷启动。

App成长过程中，非常关键的一点是新用户的冷启动过程。当新用户进入App之后，如何让他快速转化为种子用户是一门技术。人们都知道，在人际交往中，第一印象非常重要，App与用户的邂逅也是同样的道理。要了解每一个进入App的新用户的兴趣偏好，就需要App尽可能精准地了解新用户画像。

App可以通过开机引导的方式获取新用户的一些基本属性，但是这些数据还不够客观准确。此时，App可以借助第三方数据公司的能力，快速了解新注册安装用户的属性和兴趣偏好，补全用户画像，在用户冷启动时实现App内的精准推荐。有了最初的好印象，用户会对App有一定认同感，这对于提升用户的留存率和活跃度也有相当大的帮助。

③ 成熟期：持续修正用户画像。

在App的成熟期，用户增长曲线基本稳定持平，此时会存在不同活跃程度的用户，App运营者需要区分这些用户，并根据用户的实时行为修正实时用户画像，推送最精准的消息。App可以对用户群进行分类，对于高活跃度的用户持续进行画像洞察，将新用户数据与已有的用户数据做好协同，从而更了解用户，并不断做出增长假设、增长策略，持续通过运营内容、商品、活动这些手段，去探测用户的兴趣点，最终找到满足用户需求的最优解。

④ 衰退期与流失期：指导流失召回。

对于衰退期的用户，App运营者需要用合适的手段唤醒这一部分用户，重新提升用户的活跃度。App运营者可以对沉默用户进行画像，根据画像数据对用户的流失行为进行预测，再针对不同的沉默用户进行针对性的消息推送，达到沉默用户的再激活。而针对已经流失的用户，App运营者首先要做用户去向分析，其次再做卸载用户的触达，通过了解用户去向，在合适的渠道展示精准内容，尝试召回。

(4) 用数据增能精细化运营。

对于普通App开发者来说，要构建精准、全面、多维的用户画像体系并不容易，可能会面临以下问题：App自有的数据体量不够庞大，达不到生成完整用户画像的信息量；数据过于垂直，覆盖面不够广；即使有一定的体量，团队的数据分析能力和建模能力也有所欠缺；等等。这时候，App开发者需要借助第三方数据公司的数据力量，用数据“增能”精细化运营。

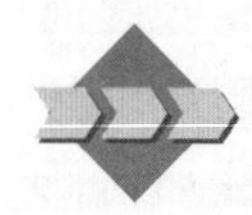

6.2 决策支持

目前我国在决策支持系统(Decision Support System，DSS)领域的研究已有不少成果，但总体上发展较缓慢，在应用上与期望有较大的差距，这主要反映在软件制作周期长、生产率低、质量难以保证、开发与应用联系不紧密等方面。决策支持系统已逐步扩大应用于大、中、小型企业中的预算分析、预算与计划、生产与销售、研究与开发等职能部门，并开始应用于军事决策、工程决策、区域开发等方面。

6.2.1 什么是决策支持系统

决策支持系统是辅助决策者通过数据、模型和知识，以人机交互方式进行半结构化或非结构化决策的计算机应用系统。它是管理信息系统(MIS)向更高一级发展而产生的先进信息管理系统。它为决策者提供分析问题、建立模型、模拟决策过程和方案的环境，调用各种信息资源和分析工具，帮助决策者提高决策水平和质量。

决策支持系统的概念是20世纪70年代提出的，并且在20世纪80年代获得发展。它的产生基于以下原因：传统的管理信息系统没有给企业带来巨大的效益，人在管理中的积极作用要得到发挥；人们对信息处理规律认识提高，面对不断变化的环境需求，需要更高层次的系统来直接支持决策；计算机应用技术的发展为决策支持系统提供了物质基础。

6.2.2 决策的分类

决策类型是指在决策科学中，人们根据不同标准、从不同角度对具有某种共同性质或特征的决策进行划分而形成的类别。根据问题的不同性质，区分决策的不同类型。决策按其性质可分为如下3类。

(1) 结构化决策：指对某一决策过程的环境及规则，能用确定的模型或语言描述，以适当的算法产生决策方案，并能从多种方案中选择最优解的决策。

(2) 非结构化决策：指决策过程复杂，不可能用确定的模型和语言来描述其决策过程，更无所谓最优解的决策。

(3) 半结构化决策：介于以上二者之间的决策。这类决策可以建立适当的算法产生决策方案，使决策方案中得到较优的解。

非结构化和半结构化决策一般用于一个组织的中、高管理层，其决策者一方面需要根据经验进行分析判断，另一方面也需要借助计算机为决策提供各种辅助信息，及时做出正确、有效的决策。

6.2.3 决策的进程步骤

决策有一套严密程序，要先进行大量的调查、分析、预测工作，然后在行动目标的基础上进行决策。决策的进程一般分为4个步骤。

(1) 发现问题并形成决策目标。包括建立决策模型、拟订方案和确定效果度量。这是决策活动的起点。

(2) 用概率定量地描述每个方案所产生的各种结局的可能性。

(3) 决策人员对各种结局进行定量评价，一般用效用值来定量表示。效用值是有关决策人员根据个人才能、经验、风格以及所处环境条件等因素，对各种结局的价值所做的定量估计。

(4) 综合分析各方面信息，以最后决定方案的取舍，有时还要对方案作灵敏度分析，研究原始数据发生变化时对最优解的影响，决定对方案有较大影响的参量范围。

决策往往不可能一次完成，而是一个迭代过程。决策可以借助于计算机决策支持系统来完成，即用计算机来辅助确定目标、拟订方案、分析评价以及模拟验证等工作。在此过程中，可用人机交互方式，由决策人员提供各种不同方案的参量并选择方案。

6.2.4 决策支持系统的功能

决策支持系统的主要功能是采集、存储、编辑和检索各种综合信息或文件，便于用户对问题的本质做出判断，利用统计模型、会计模型或经济模型去分析和综合各种数据，用于预测结果和提出状态报告，并利用管理科学模型，对企业的各种决策方案进行评价，从而提供最优化策略，供决策者选择并实施。具体如下。

(1) 管理并随时提供与决策问题有关的组织内部信息，如订单要求、库存状况、生产能力与财务报表等。

(2) 收集、管理并提供与决策问题有关的组织外部信息，如政策法规、经济统计、市场行情、同行动态与科技进展等。

（3）收集、管理并提供各项决策方案执行情况的反馈信息，如订单或合同执行进程、物料供应计划落实情况、生产计划完成情况等。

（4）能以一定的方式存储和管理与决策问题有关的各种数学模型，如定价模型、库存控制模型与生产调度模型等。

（5）能够存储并提供常用的数学方法及算法，如回归分析方法、线性规划、最短路径算法等。

（6）上述数据、模型与方法能容易地修改和添加，如数据模式的变更、模型的连接或修改、各种方法的修改等。

（7）能灵活地运用模型与方法对数据进行加工、汇总、分析、预测，得出所需的综合信息与预测信息。

（8）具有方便的人机对话和图像输出功能，能满足随机的数据查询要求。

（9）提供良好的数据通信功能，以保证及时收集所需数据并将加工结果传送给使用者。

（10）具有使用者能忍受的加工速度与响应时间，不影响使用者的情绪。

6.2.5 决策支持系统举例分析

随着信息技术的发展，目前已经在许多应用领域运用了 IDSS（Intelligent Decision Support System，智能决策支持系统），如税务稽查、渔业专家系统、中国工商银行风险投资决策系统等。

1. 案例1：二滩电力公司营销决策支持系统

二滩电力公司正式成立于1991年，注册地点为四川省成都市，注册资本为46亿元，由三方股东（国家开发投资公司、四川省投资集团公司和中国华电集团公司）出资组建。公司主要业务是水力发电。受国家发展改革委授权，全流域开发雅砻江干流水能资源。雅砻江干流规划开发21级电站，规划可开发装机容量29 188 000kW。已经开发、运营的二滩水电站如图6-2所示。它是我国在20世纪建成投产的最大的水电站。

图 6-2 二滩水电站

随着厂网分开以及电力企业重组的逐步到位，竞价上网将在局部或全国展开，这将对发电企业的经营管理带来严峻挑战。为了提高企业的管理水平和发电效益，二滩电力公司迫切需要一套行之有效的电力营销决策支持系统，以协助报价员更好地预测边际电价，掌握市场信息，确定报价策略，在市场竞争中赢得先机与主动，同时，也加强对电力生产企业的经济及技术管理，促进企业的高效运作，在电力市场环境中争取最大的效益。

二滩电力营销决策支持系统满足二滩电力公司提出的电力营销决策支持系统的建设目标，适应电力市场发展和二滩电力公司发展的需要，打造成了功能灵活、性能优越、可维护性强的营销决策支持系统，为二滩电力公司电力营销部建立一个用于公司营销业务的信息化平台。依据这一信息平台实现公司的营销决策分析，完成与区域电力市场交易中心的竞价交易业务。

整个系统功能包括集成化的信息站点、营销数据中心、营销计划、结算管理、双边交易、短期交易、日前竞价和营销分析等。系统实现了灵活的动态配置，达到可以动态扩展的目标；同时实现了消息机制和单点登录的集成。营销数据中心，实现了数据的汇总整合，形成数据仓库，同时运用数据挖掘的原理，实现了数据智能化的分析处理。营销决策算法在系统中的实现，把营销决策的先进理论提升到了实战的高度，达到了理论指导实践的目的。

2. 案例2：某机场集团有限公司智能决策平台

某机场集团有限公司从事机场投资建设、运营管理的专业化产业集团。其布局全球，致力于打造集机场投资并购、工程建设、运营管理以及专业化咨询服务于一体的机场综合服务运营商。某机场如图6-3所示。

图6-3 某机场

此项目是某机场集团与西部机场集团继资产信息管理系统升级改造项目完成后的更深入持续合作。该项目覆盖陕甘宁青四省(区)的19个机场，包括3个省会机场和16个支线机场，通过建设西部机场集团资产全生命周期管理系统，将其资产管理从传统的台账管理向大数据的精细管控转变。

系统在某机场集团下辖的14家成员机场全面推进和应用，实现集团安全生产，完善、加强和提升设备运行管理，打通集团、下属成员机场、工作现场这三个层面之间的信息壁垒，将管理要求、管理目标通过技术手段直接贯彻到具体的对象上去，统一下属各成员机场的各种工作标准和绩效指标；为集团构建智能决策平台，为决策提供全面的数据支撑，推进集团智能化机场建设目标。

3. 案例3：企业销售决策支持系统(ESDSS)

销售预测是销售决策的前期工作，预测结果是决策的依据。ESDSS的销售预测功能比较齐全，既有微观的，也有宏观的。如市场需求、销售额与销售量、产品价格等是微观的，而宏观经济形势则是宏观的。销售决策是销售管理的核心，贯穿于销售管理的各个方面和全过程。ESDSS的销售决策功能是一些常用的也较为重要的功能。

ESDSS的数据库存储各种从MIS中析取的销售预测与销售决策依据数据、公用的数据字典与数据表字典，以及运行过程中使用的临时表等。

模型库中单元模型用程序方式存储，以两级模型字典描述和管理。单元模型的组合根据它们的依赖关系，通过建立临时空间来实现，模型的运行通过指南式的人机逐步对话触发，特别是各种销售预测与销售决策的方法也存储于模型库中。销售预测与销售决策所采用的方法与模型分别如表6-1与表6-2所示。

表6-1 销售预测采用的方法与模型

预测功能	方法与模型								
	德尔菲法	移动平移	指数平滑	季节指数	线性回归	马尔可夫	需求价格弹性	需求收入弹性	景气预测
市场需求	√	√	√	√	√			√	
销售额及销售量		√	√	√	√				
价格		√	√		√		√		
产品生命周期					√				
预期利润收益	√	√	√		√	√			
市场占有率		√	√		√	√			
新技术	√								
宏观经济形势	√				√				√

表6-2 销售决策采用的方法与模型

决策功能		方法与模型
产品价格		1. 拟合产品需求曲线
		2. 各种需求价格弹性预测方法
		3. 成本加成法、量本利法、边际贡献法
促销手段	广告	1. 广告效应曲线拟合
		2. 广告费用预测
		3. 广告媒体选择模型(线性规划)
	人员推销	销售数量比例法
产品运输		运输成本最小化或利润最大化
通用决策方法		1. 决策表
		2. 决策树

ESDSS引入方案库的概念。方案库存储各种完整的预测与决策方案，包括预测与决策过程中使用的数据、模型、方法的描述以及运行步骤。方案能反映决策者的决策风格与经验，可以事先建立，也可以在模型求解时生成。方案库通过方案字典管理方案，并可作为一种预测与决策的知识不断积累。

人机会话系统采用用户界面十分友好的Windows格式的菜单驱动和控制，以多任务方式展开。系统提供用户界面十分友好的多种会话方式和操作功能，提供各种获取数据的渠道和各种形式的输出信息等，它在整个决策过程中起到控制机制的作用。ESDSS的人机会话系统设有出错提示、重要操作提供确认、无效数据处理及互斥性校验等容纠错功能以及多媒体形式的教学与帮助功能。

6.3　创新模式

创新是发展的第一动力，商业需要不断地变换自己的经营方式才能适应千变万化的市场，而大数据对商业模式的创新起到积极的作用。大数据下的商业模式创新目前体现出一种百家争鸣的局面，不同商业领域的企业在运用大数据的程度上大不相同。创新的步伐主要停留在初期阶段，只有20%的企业有意识地发展大数据商业模式，大范围地运用大数据对自己的商业模式进行改造的企业主要是互联网企业和电商行业，这两个行业具有先天的大数据优势，商业模式创新的阶段处于前列，如百度、腾讯、亚马逊等。

6.3.1　商业模式创新的概念

商业模式创新作为一种新的创新形态，其重要性已经不亚于技术创新等。近几年，商业模式创新在我国商业界也成为流行词汇。商业模式创新是指改变企业价值创造的基本逻辑，以提升顾客价值和企业竞争力的活动。它既可能包括多个商业模式构成要素的变化，也可能包括要素间关系或者动力机制的变化。通俗地说，商业模式创新就是指企业以新的有效方式赚钱。

6.3.2　商业模式创新的构成条件

由于商业模式构成要素的具体形态表现、相互间关系及作用机制的组合几乎是无限的，因此，商业模式创新企业也有无数种。但可以通过对典型商业模式创新企业的案例考察，看出商业模式创新的3个构成条件。

(1) 提供全新的产品或服务，开创新的产业领域，以前所未有的方式提供已有的产品或服务。例如，Grameen Bank面向贫困人口提供的小额贷款产品服务、开辟全新的产业领域是前所未有的。亚马逊卖的书和其他零售书店没什么不同，但它卖出的方式全然不同。西南航空公司提供的也是航空公司服务，但它提供的方式也不同于已有的全服务航空公司。

(2) 其商业模式至少有多个要素明显不同于其他企业，而非少量的差异。如Grameen Bank不同于传统商业银行，主要以贫穷妇女为主要目标客户，贷款额度小，不需要担保和抵押等。亚马逊相比传统书店，其产品选择范围广、通过网络销售、在仓库配货运送等。西南航空公司也在多方面，如提供点对点基本航空服务、不设头等舱、只使用一种机型、利用大城市不拥挤机场等，不同于其他航空公司。

（3）有良好的业绩表现，体现在成本、赢利能力、独特竞争优势等方面。如 Grameen Bank 虽然不以赢利为主要目的，但它一直是赢利的。亚马逊在一些传统绩效指标方面良好的表现，也表明了其商业模式的优势，如短短几年就成为世界上最大的书店。数倍于竞争对手的存货周转速度给它带来独特的优势，消费者购物使用信用卡支付时，通常在 24 小时内到账，而亚马逊付给供货商的时间通常是收货后的 45 天，这意味它可以利用客户的钱长达一个半月。西南航空公司的利润率连续多年高于其全服务模式的同行。如今，美国、加拿大、欧洲等国家或地区短途民用航空市场中有一半已逐步为像西南航空公司那样采用低成本商业模式的航空公司所占据。

6.3.3 商业模式创新分析

创新概念的起源可追溯到 1912 年美籍经济学家熊彼特。他提出，创新是指把一种新的生产要素和生产条件的“新结合”引入生产体系。创新具体有 5 种形态：开发出新产品、推出新的生产方法、开辟新市场、获得新原料来源和采用新的产业组织形态。相对于传统的创新，商业模式创新有几个明显的特点。

（1）商业模式创新更注重从客户的角度，从根本上思考设计企业的行为，视角更为外向和开放，更多注重和涉及企业经济方面的因素。商业模式创新的出发点是如何从根本上为客户创造增加的价值。因此，它逻辑思考的起点是客户的需求，根据客户需求考虑如何有效满足它，这点明显不同于许多技术创新。技术创新的视角常从技术特性与功能出发，看它能用来干什么，去找它潜在的市场用途。商业模式创新即使涉及技术，也多与技术的经济方面因素、技术所蕴含的经济价值及经济可行性有关，而不是纯粹的技术特性。

（2）商业模式创新表现得更为系统和根本，它不是单一因素的变化。它常常涉及商业模式多个要素同时变化，需要企业组织的较大战略调整，是一种集成创新。商业模式创新往往伴随产品、工艺或者组织的创新；反之，则未必足以构成商业模式创新。如开发出新产品或者新的生产工艺，就是通常认为的技术创新。技术创新通常是对有形实物产品的生产来说的。但如今是服务为主导的时代，商业模式创新常体现为服务创新，表现为服务内容、方式以及组织形态等多方面的创新变化。

（3）从绩效表现看，商业模式创新如果提供全新的产品或服务，那么它可能开创了一个全新的可赢利产业领域，即便提供已有的产品或服务，也更能给企业带来更持久的赢利能力与更大的竞争优势。传统的创新形态能带来企业局部内部效率的提高、成本降低，而且也容易被其他企业在短时期内模仿。商业模式创新虽然也表现为企业效率提高、成本降低，由于它更为系统和根本，涉及多个要素的同时变化，因此，它也更难以被竞争者模仿，常给企业带来战略性的竞争优势，而且优势常可以持续数年。

6.3.4 商业模式创新的 4 种方法

商业模式创新就是对企业的基本经营方法进行变革。一般而言，有 4 种创新方法：改变收入模式、改变企业模式、改变产业模式和改变技术模式。

1. 改变收入模式

改变收入模式就是改变一个企业的用户价值定义和相应的利润方程或收入模型。这就需要企业从确定用户的新需求入手，这并非市场营销范畴中的寻找用户新需求，而是从更宏观的层面重新定义用户需求，即去深刻理解用户购买你的产品需要完成的任务或要实现的目标是什么。其实用户需要的不仅是产品，而是一个解决方案。一旦确认了此解决方案，也就确定了新的用户价值定义，并可依次进行商业模式创新。

国际知名电钻企业喜利得公司(Hilti)就从此角度找到用户新需求，并重新确认用户价值定义。喜利得公司一直以向建筑行业提供各类高端工业电钻著称，但近年来，全球激烈竞争使电钻成为低利标准产品。于是，喜利得公司通过专注于用户所需要完成的工作，意识到他们真正需要的不是电钻，而是在正确的时间和地点获得处于最佳状态的电钻。然而，用户缺乏对大量复杂电钻的综合管理能力，经常造成工期延误。因此，喜利得公司随即改动它的用户价值定义，不再出售电钻，而是出租电钻，并向用户提供电钻的库存、维修和保养等综合管理服务。为提供此用户价值定义，喜利得公司变革其商业模式，从硬件制造商变为服务提供商，并把制造向第三方转移，同时改变赢利模式。戴尔等都是如此进行商业模式创新的。

2. 改变企业模式

改变企业模式就是改变一个企业在产业链的位置和充当的角色，也就是说，改变其价值定义中“造”和“买”的搭配，一部分由自身创造，其他由合作者提供。一般而言，企业的这种变化是通过垂直整合策略(Vertical Integration)或出售及外包来实现。如谷歌在意识到大众对信息的获得已从桌面平台向移动平台转移，自身仅作为桌面平台搜索引擎会逐渐丧失竞争力时，就实施垂直整合，大手笔收购摩托罗拉手机和安卓移动平台操作系统，进入移动平台领域，从而改变了自己在产业链中的位置及商业模式。IBM 也是如此。它在 20 世纪 90 年代初期意识到 PC 产业无利可寻，即出售此业务，并进入 IT 服务和咨询业，同时扩展它的软件部门，一举改变了它在产业链中的位置和它原有的商业模式。

3. 改变产业模式

改变产业模式是最激进的一种商业模式创新，它要求一个企业重新定义本产业，进入或创造一个新产业，如 IBM 通过推动智能星球计划(Smart PlanetInitiative)和云计算。它重新整合资源，进入新领域并创造新产业，如商业运营外包服务(Business Process Outsourcing)和综合商业变革服务(Business Transformation Services)等，力求成为企业总体商务运作的大管家。亚马逊也是如此。它正在进行的商业模式创新向产业链后方延伸，为各类商业用户提供如物流和信息技术管理的商务运作支持服务，并向它们开放自身的 20 个全球货物配发中心，并大力进入云计算领域，成为提供相关平台、软件和服务的领袖。其他如高盛(Goldman Sachs)等都在进行这类的商业模式创新。

4. 改变技术模式

正如产品创新往往是商业模式创新的最主要驱动力，技术变革也是如此。企业可以通过引进激进型技术来主导自身的商业模式创新，如当年众多企业利用互联网进行商业模式创新。当今，最具潜力的技术是云计算，它能提供诸多崭新的用户价值，从而提供企业进行商业模式创新的契机。另一项重大的技术革新是 3D 打印技术。该技术一旦成熟并商业化，就能帮助诸多企业进行深度商业模式创新。如汽车企业可用此技术替代传统生产线来打印零件，甚至可采用戴尔的直销模式，让用户在网上订货，并在靠近用户的场所将所需汽车打印出来。

当然，无论采取何种方式，商业模式创新需要企业对自身的经营方式、用户需求、产业特征及宏观技术环境具有深刻的理解和洞察力。这才是成功进行商业模式创新的前提条件，也是最困难之处。

6.3.5 商业模式创新的4个维度

在商业模式这一价值体系中，企业可以通过改变价值主张、目标客户、分销渠道、顾客关系、关键活动、关键资源、伙伴承诺、收入流和成本结构等因素来激发商业模式创新。也就是说，企业经营的每一个环节的创新都有可能成为一个成功的商业模式。一般商业模式创新可以从战略定位创新、资源能力创新、商业生态环境创新以及这3种结合产生的混合商业模式创新4个维度进行。商业模式创新的思维模型如图6-4所示。

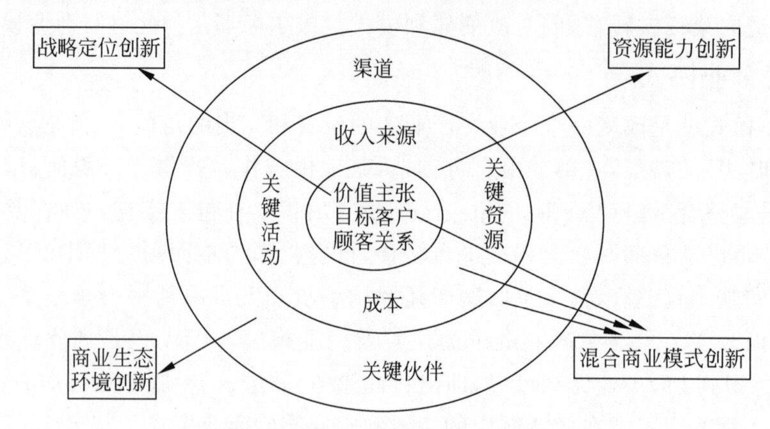

图6-4 商业模式创新的思维模型

1. 战略定位创新

战略定位创新主要是围绕企业的价值主张、目标客户及顾客关系方面的创新，具体指企业选择什么样的顾客、为顾客提供什么样的产品或服务、希望与顾客建立什么样的关系，其产品和服务能向顾客提供什么样的价值等方面的创新。在激烈的市场竞争中，没有哪一种产品或服务能够满足所有消费者，战略定位创新可以帮助人们发现有效的市场机会，提高企业的竞争力。

在战略定位创新中，企业首先要明白自己的目标客户是谁，其次是如何让企业提供的产品或服务在更大程度上满足目标客户的需求，在前两者都确定的基础上，再分析选择何种客户关系。合适的客户关系也可以使企业的价值主张更好地满足目标客户。

美国西南航空公司抓住了那些大航空公司热衷于远程航运而对短程航运不屑一顾的市场空隙，只在美国的中等城市和各大城市的次要机场之间提供短程、廉价的点对点空运服务，最终发展成为美国4大航空公司之一。日本Laforet原宿个性百货商店打破传统百货商店的经营模式——每层经营不同年龄段不同风格服饰，专注打造以少男少女为对象的时装商城，最终成为最受时尚年轻人和海外游客欢迎的百货公司。王老吉创新性地将自己的产品定位于"饮料+药饮"这一市场空隙，为广大顾客提供可以"防上火"的饮料，正是这种不同于以往饮料行业只在产品口味上不断创新的竞争模式，最终使王老吉成为"中国饮料第一罐”。

2. 资源能力创新

资源能力创新是指企业对其所拥有的资源进行整合和运用能力的创新，主要是围绕企业的关键活动，建立和运转商业模式所需要的关键资源的开发和配置、成本及收入源方面的创新。所谓关键活动是指影响其核心竞争力的企业行为；关键资源指能够让企业创造并提供价值的资源，主要指那些其他企业不能够代替的物质资产、无形资产、人力资本等。

在确定了企业的目标客户、价值主张及顾客关系之后，企业可以进一步进行资源能力的创新。战略定位是企业进行资源能力创新的基础，而且资源能力创新的 4 个方面也是相互影响的。一方面，企业要分析在价值链条上自己拥有或希望拥有哪些别人不能代替的关键能力，根据这些能力进行资源的开发与配置；另一方面，如果企业拥有某项关键资源如专利权，也可以针对其关键资源制定相关的活动，对关键能力和关键资源的创新也必将引起收入源及成本的变化。

丰田以最终用户需求为起点的精益生产模式，改变了 20 世纪 70 年代以制造商为起点的商业模式，通过有效的成本管理模式创新，大大提高了企业的经营管理效率。20 世纪 90 年代，当通用发现传统制造行业的利润越来越小时，它改变行业中以提供产品为其关键活动的商业模式，提出以利润和客户为中心的“出售解决方案”模式。在传统的经营模式中，企业的关键活动是为客户提供能够满足其需求的机械设备，但在“出售解决方案”模式中，企业的关键活动是为客户提供一套完整的解决方案，而那些器械设备则成为这一方案的附属品。有资料显示，通用的这一模式令通用在一些区域的销售利润率超过 30%。另外，通用还积极扩展它的利润源，建立了通用电气资本公司。

3. 商业生态环境创新

商业生态环境创新是指企业将其周围的环境看作一个整体，打造出一个可持续发展的共赢的商业环境。商业生态环境创新主要围绕企业的合作伙伴进行创新，包括供应商、经销商及其他市场中介，在必要的情况下，还包括其竞争对手。市场是千变万化的，顾客的需求也在不断变化，单个企业无法完全完成这一任务，企业需要联盟，需要合作来达到共赢。

企业战略定位及内部资源能力都是企业建立商业生态环境的基础。没有良好的战略定位及内部资源能力，企业将失去挑选优秀外部合作者的机会以及与它们议价的筹码。一个可持续发展的共赢的商业环境也将为企业未来发展及运营能力提供保证。

20 世纪 80 年代，美国最大的连锁零售企业沃尔玛和全球最大的日化用品制造商宝洁争执不断，它们相互威胁与抨击，各种口水战及笔墨官司从未间断。由于争执给双发都带来了损失，后来它们开始反思，最终促成它们建立了一种全新的供应商与零售商关系，把产销间的敌对关系转变成了双方均能获利的合作关系。宝洁开发并给沃尔玛安装了一套“持续补货系统”，该系统使宝洁可以实时监控其产品在沃尔玛的销售及存货情况，然后协同沃尔玛共同完成相关销售预测、订单预测以及持续补货的计划。这种全新的协同商务模式为双方带来了丰厚的回报。另一个建立共赢的商业生态环境的是戴尔。戴尔公司自己既没有品牌又没有技术，它凭什么在短短的二十几年的时间，从一个大学没毕业的学生创建的企业一跃成为计算机行业的佼佼者？就是因为它独特的销售渠道模式。但是，在其独特的销售模式背后是戴尔建立的共赢的商业生态模式，它在全球建立了一个以自己的网络直销平台为中心、众多供应商环绕其周围的商业生态经营模式。

4. 混合商业模式创新

混合商业模式创新是一种融合的创新方式。企业的商业模式创新一般都是混合式的，因为企业商业模式的构成要素战略定位、内部资源、外部资源环境之间是相互依赖、相互作用的，每一部分的创新都会引起另一部分相应的变化。而且，这种由战略定位创新、资源能力创新和商业能力创新两两相结合甚至同时进行的创新方式，都会为企业经营业绩带来巨大的改善。

苹果的巨大成功，不单单在其独特的产品设计，还源于其精准的战略创新。它看中了终端内容服务这一市场的巨大潜力，因此，它将其战略从纯粹的出售电子产品转变为以终端为基础的综合性内容服务提供商。从其"iPad＋iTune"到后来的"iPhone＋App"都充分体现了这一战略创新。在资源能力创新方面，苹果突出表现在能够为客户提供充分满足其需求的产品这一关键活动上。苹果每一次推出新产品，都超出了人们对常规产品的想象，其独特的设计以及对新技术的采用都超出消费者的预期。例如，消费者所熟知的重力感应系统、多点触摸技术以及视网膜屏幕的现实技术都是率先在苹果的产品上使用的。另外，苹果的成功也得益于其共赢的商业生态模式。苹果公开发布开发包 SDK 下载，以便第三方服务开发商针对 iPhone 开发出更多优秀的软件，为第三方开发商提供了一个又方便又高效的平台，也为自己创造了良好的商业生态环境。

总之，商业模式创新既可以是 3 个维度中某一维度的创新，也可以是其中的两点甚至三点相结合的创新。有效的商业模式能给企业带来卓越的超值价值，商业模式创新也将成为企业追求超值价值的有效工具。

6.3.6 大数据时代商业模式的创新

中国经济经过几十年的高速发展，已进入增速放缓的"瓶颈期"，产业结构亟须转型升级，企业发展面临系统性危机。云计算、物联网、移动互联网等新生代技术催生了众多数据驱动企业的爆发式增长。开放性成长、模块化经营、长尾理论、众包思维等全新理论颠覆了产业成长的传统模式。大数据作为继云计算、物联网之后 IT 产业又一次颠覆性的技术变革，必将对现代企业的管理运作理念、组织业务流程、市场营销决策以及消费者行为模式等产生巨大影响，使得企业商务管理决策越来越依赖于数据分析而非经验。

如何利用大数据这种新型的信息处理方式，通过收集、处理庞大而复杂的数据信息，从中获取知识和洞察，由数据驱动业务转型，探索并发现新的商机，对客户和市场进行新的洞察，实现业务创新和流程创新，这就是大数据的价值。

在大数据时代，创新者借助互联网正在以前所未有的速度颠覆和重塑整个商业世界，人们的传统企业在焦虑中寻求突破的方向。随着市场的饱和，企业发展已经遇到成长边界的天花板，曾经各种有效的经营管理手段已经变得力不从心。因此，企业变得非常迷茫，不知道该如何应对，让更多企业疑惑的是，在自己的企业步履艰难的时候，有的企业却在一夜之间跃居行业巨头，过去人们强调做企业专注，可今天越来越多的企业转向无边界竞争和跨界融合。

微信的出现改变了中国3大运营商的命运；雕爷不仅做了牛腩，还做了烤串、下午茶、煎饼，还进军了美甲；小米不仅做了手机，还做了电视，还要做汽车、智能家居；谷歌不仅做搜索引擎，现在也延伸到可穿戴设备、无人驾驶汽车、手机等高科技领域，成为一家科技型公司……

大数据颠覆了企业传统的经营逻辑和方法，使得企业的竞争由过去区域市场转向无边无际的空间。快速变化是传统企业面临的难题，过去一家企业从建立样本市场到全国布局可能需要3～5年时间，而在大数据时代，小米手机从创立到拥有450亿市值用了3年时间，三只松鼠从创立到拥有10亿市值只用了2年时间。同样，在大数据时代，企业从成功走向失败也是瞬间之事。诺基亚成为世界手机霸主用了50多年的时间，而迅速轰然倒塌却只用了5年时间；美国互联网佼佼者Groupon达到10亿市值花的时间，在人类历史上比任何公司都短，但它被大量竞争者击退的时间同样短得惊人。

在大数据时代，颠覆企业竞争对手的经常是来自行业以外的市场，当人们憧憬新能源汽车的时候，人们发现不是来自老牌的福特、通用，也不是以精细管理闻名的丰田，而是来自行业之外的特斯拉；同样，颠覆酒店行业不是来自万豪、雅高、希尔顿等国际大型酒店集团，而是来自名不见经传的共享模式Airbnb。

难道人们经营企业真的毫无规律可循？答案是否定的。大数据时代一定要有所变，有所不变。不变的是商业本质，变的是商业模式。任何成功的企业都随着环境变化而不断改变自身，把握行业发展大趋势，进行商业模式创新，借助互联网和高科技应用，重构经营逻辑。

知识巩固与技能训练

一、名词解释

1. 精准营销　2. 决策支持系统　3. 商业模式创新

二、单选题

1. 关于精准营销的含义，下面描述错误的是(　　)。
   A. 精准的营销思想、营销的终极追求就是无营销的营销，到达终极思想的过渡就是逐步精准
   B. 是实施精准的体系保证和手段，而这种手段是可衡量的
   C. 就是达到低成本可持续发展的企业目标
   D. 精准营销的媒体只能是报纸、杂志、广播、电视
2. 下面关于用户画像应用方面的描述错误的是(　　)。
   A. 个性化推荐　　B. 精准营销　　C. 教学设计　　D. 精细化运营
3. 互联网用户生命周期管理的5个阶段，下面(　　)阶段是错误的。
   A. 获客期　　B. 成长期　　C. 衰退期　　D. 运行期
4. 决策支持系统按其性质可分为3类，下面(　　)类是错误的。
   A. 双向决策　　B. 结构化决策
   C. 非结构化决策　　D. 半结构化决策

5. 商业模式创新的 4 个维度,不包含(　　)。

A. 战略定位创新　　　　B. 物联网创新

C. 商业生态环境创新　　D. 混合商业模式创新

三、思考题

1. 具体描述决策支持系统的功能。
2. 结合查阅的相关文献资料,简述大数据时代商业模式的创新意义。

第7章 民生大数据

导读案例

数据融入民生，贵州人“获得感”满满

以下是来自2016年8月环球网的报道，关于大数据已融入贵州人民日常生活中的两个应用案例。

案例1：老百姓“云”中看病，互联网医院百家争鸣

贵州遵义市播州区的联影医疗科技“远程医疗影像中心”，连接了播州区人民医院及下辖20家乡镇医院，实现日均300例诊断，目前已累计完成12万远程诊断案例，有效帮助当地市民实现“小病不出乡，大病不出县”。

在两年前，贵州省就已建立了居民电子健康档案、全员人口个案两大基础数据库，开展了远程医疗服务平台、基层医疗卫生机构管理信息系统、电子病历共享交换平台等系统建设，并利用国家支持的基层医疗机构管理信息系统建设项目，搭建了全国首个上线运行的省级卫生信息云数据中心。大数据、远程医疗、“互联网＋”等几乎成了贵州省医疗领域的名片。

2016年6月，贵州省相关部门出台的《关于加快医疗卫生事业与大数据融合发展的指导意见》提出，到2020年，贵州省基本形成基于大数据、“互联网＋”、远程医疗、居民健康卡的智慧医疗服务模式。

案例2：大数据＋旅游警务，让安全不留死角

在贵州马岭河峡谷的铁索桥上，一名游客身体越过电子围栏安全区用手机拍照，系统自动报警后，指挥平台马上调度。“喂，在铁索桥上，有游客越过安全区了。”接到指令的值勤警察迅速抵达现场，不到一分钟，该游客的危险行为被制止。这便是黔西南州山地旅游警务中心日常工作中的一幕。

黔西南在贵州率先推出大数据山地旅游警务，在州、县、村、景区设置4级旅游警察机构，景区景点视频监控资源、卡口数据、游客身份信息、车辆信息等全部汇聚到大数据旅游警务中心，通过智能分析研判，实现对全州主要景区的各种风险隐患的预知、预测、预警、预防，以确保安全。

大数据旅游警务启动以来，黔西南州各景区无案件、无事故、无执法涉警投诉，万峰林景区被评为2016年国庆黄金周全国“旅游安全保障最佳景区”。

7.1 大数据环境下的智慧医疗

“智慧医疗”一词是近几年兴起的医疗方面的名词，虽然时间不长，但它充分应用大数据，并将互联网、医疗进行了商业化的结合。智慧医疗属于新兴产业链，可对信息化为医疗事业带来的产业融合趋势加以呈现，对计算机数据与先进技术有效利用，突破时间、空间的限制，由根本层面对传统医疗重新定位。可以说，该产业对信息化与新型工业化有效结合的基本点进行了充分体现，经由将医疗产业信息化和新型工业化相结合，对信息利用效率加以提升。此间，所利用的大数据处理技术即推进智慧医疗的技术支撑，政府主管单位的有效指导即落实智慧医疗的先行条件，而重要医疗机构给予的大数据便是智慧医疗实践的必要保障。

7.1.1 什么是智慧医疗

目前，医疗科技的进步已经使越来越多的疾病得到治疗，新技术在逐步取代传统的治疗方法。人工智能必将会重新定义医疗行业。同时，资本和政策的双重支持将驱动智慧医疗继续加速发展。

智慧医疗，即医疗的各个细分领域，从诊断、监护、治疗、给药都将全面开启智能化，并结合商业保险机构，基于移动互联、可穿戴设备、医疗大数据平台的诊断与治疗技术，建立起全新的医院、患者、保险的多方共赢商业模式。智慧医疗如图7-1所示。

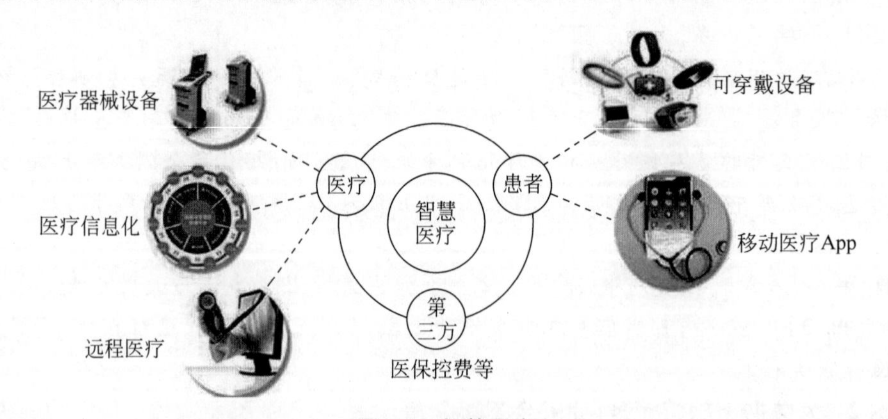

图7-1 智慧医疗

智慧医疗是一种医疗行为，与轻问诊之类的服务截然不同，在它背后，打造了一个专业的智慧医疗云平台，连接了医疗、医保、医药的庞大产业链条。这个链条可以简化为：医保——大医院——远程医疗——基层医疗机构——药店——药厂。可以看出，智慧医疗云平台的连通，不仅连接了医疗资源上下游，还将药店与医疗机构紧密关联在一起。

智慧医疗通过打造健康档案区域医疗信息平台，利用最先进的物联网技术，实现患者与医务人员、医疗机构、医疗设备之间的互动，逐步达到信息化。

如果按业务模式来分类，智慧医疗服务可以分为以下4大类。

远程诊断：即指上级医院的专家或医生对基层临床人员提供诊断意见，包括远程影像诊断、远程病理诊断等。

远程会诊：主要是上级医生通过远程会诊系统，直接对基层患者进行会诊，并对基层医生给出会诊意见，如远程视频会诊。

远程监护：即利用家用医疗装置采集患者的生命体征信息，并通过网络传输到监护中心，由医护人员对居家患者进行监测和疾病管理的服务，如远程家庭监护、远程疾病管理等。

远程教育：指对基层医疗人员进行的继续教育和培训。

7.1.2　智慧医疗具备的优势

智慧医疗是一种以患者数据为中心的医疗服务模式，主要分为3个阶段：数据获取、知识发现和远程服务。其中，数据获取由医疗物联网完成，知识发现依靠大数据处理技术进行，远程服务则由云端服务与轻便的智能医疗终端共同提供。这3个阶段形成智慧医疗中的"感、知、行"。

以产检为例，孕妇怀孕期间需要进行数次产检，通常需要反复从家里到医院检查。实际上，孕妇的大部分常规检查，如宫缩、胎心、胎动等都可以借助仪器完成。如果采用智慧医疗模式，该孕妇只需要在第一次和最后一次快生产时去医院产检即可，其余可以在家里通过终端设备自助完成，并将信息传输到医院，再由医生给出检查报告。

从上面这个例子可以看出，智慧医疗具备解决"看病难、看病贵"问题的潜力。

一般而言，与传统的医疗服务模式相比，智慧医疗具备多个优势，具体如下。

首先，利用多种传感器设备和适合家庭使用的医疗仪器，自动或自助采集人体生命各类体征数据，在减轻医务人员负担的同时，能够获取更丰富的数据。

其次，采集的数据通过无线网络自动传输至医院数据中心，医务人员利用数据提供远程医疗服务，能够提高服务效率、缓解排队问题，并减少交通成本。

最后，数据集中存放管理，可以实现数据的广泛共享和深度利用，有助于解决关键病例和疑难杂症，能够以较低的成本对亚健康人群、老年人和慢性病患者提供长期、快速、稳定的健康监控和诊疗服务，降低发病风险，间接减少对稀缺医疗资源如床位和血浆的需求。

实现智慧医疗的关键是物联网技术和云计算技术。这两大技术的连接点是海量的医疗数据，或称为"医疗大数据"。医疗物联网中数据规模庞大，增长速度很快，传统的数据库技术难以有效地对其进行管理和处理。

因此，在智慧医疗体系中，需要引入专用于医疗服务的云计算平台，以较低成本实现高效和可扩展的医疗大数据存储与处理，并通过互联网为用户提供方便快捷的医疗服务。智慧医疗强调数据的采集和利用，不受时间和地点的约束。

虽然现有的电子病历系统能够以数字化方式保存患者在医院的检查与就诊记录，但这些数据有限。智慧医疗利用物联网技术随时随地采集各种人体生命体征数据并自动保存，比人工录入电子病历的数据量高出数个数量级。

而数据的深度利用，即使用数据挖掘和机器学习等技术，可以从数据中发现隐藏的知识。例如，患者的血氧饱和度变化周期、心率异常检测、生命体征关联变化模式等，由于涉及的数据种类繁多且规模庞大，这些知识难以凭借医生的经验以人工方式获得，而应用大规模数据处理技术，能够分析这些数据，帮助医生诊疗疑难杂症。

7.1.3 可穿戴的个人健康设备

可穿戴设备是物联网最大消费类产品，作为物联网领域的一部分，联网、交互是可穿戴设备最基本的功能，人工智能是可穿戴设备实现科技体验最大的核心支撑技术。目前，智能可穿戴设备主要包括智能手表、智能手环、无线耳机、智能眼镜等产品。智能可穿戴设备如图 7-2 所示。

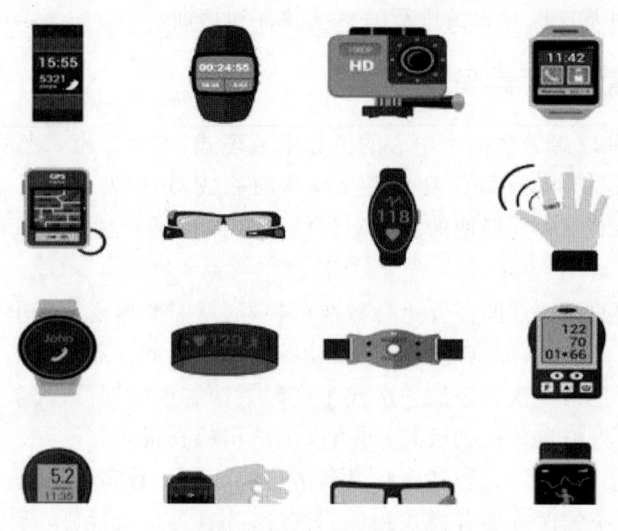

图 7-2 智能可穿戴设备

目前，智能可穿戴设备在 Apple Watch、AirPods 及华为等品牌的带动下，产品销量逐渐被打开，全球可穿戴设备的市场规模呈现爆发式增长。根据 Gartner 统计，2020 年全球消费者在可穿戴设备上的支出达到 520 亿美元，比 2019 年增长 27%，其中智能手表、头戴设备、智能耳机分别达到 228 亿美元、106 亿美元、87 亿美元。

2020 年防疫期间，几乎所有消费者都用过两种产品：一种是口罩；另一种是电子体温计。由于不能出门，家庭用户对电子血压计的使用率也有所提升。以电子血压计为例，由这类医疗级"可穿戴设备"或其他终端收集到人体生理数据，自动传入云端，进行数据分析与处理，再将其结果发给医生，人们即使不出门，也能通过网络接收到医生发来的诊断或建议。

而这个"闭环"完全可以在每日进行，例如日常的健康监督、运动及饮食指导，或对高血压、糖尿病等慢性病进行日常管理，甚至有望为每个人定制出自己的健康全记录。

据了解，在 2020 年此次新冠肺炎病毒战"疫"中，上海公共卫生临床中心通过使用 VivaLNK 连续温度可穿戴传感器技术及相关解决方案，有效对抗新型冠状病毒的传播。普通的水银温度计、耳温枪或者额温枪都需要医护人员频繁且近距离接触患者，而这种频繁的测温方式让医护人员面临很大的风险。而这套远程连续测温系统让医生不用接触患者就能从监护系统中掌握患者体温情况。VivaLNK 连续温度可穿戴设备如图 7-3 所示。

健康功能成智能可穿戴设备的最大卖点，近年来很多智能可穿戴设备的生产商推出的产品，均集成了心率、血氧饱和度和压力等多种健康指标检测功能。部分厂商也直接与医院合作，提供更为权威和及时的医疗服务。未来随着人们对健康重视程度的不断上升，智能可穿戴设备在健康领域将会有更多精彩的表现。新式可穿戴设备——测心率仪器如图 7-4 所示。

图 7-3　VivaLNK 连续温度可穿戴设备

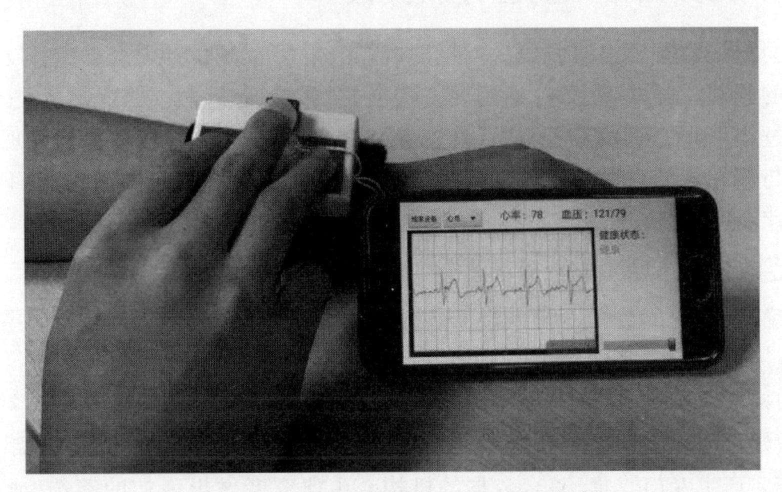

图 7-4　新式可穿戴设备——测心率仪器

智能可穿戴科技是一项颠覆性技术，它是探索人和科技全新的交互方式，为每个人提供专属的、个性化的服务。

大数据时代，智能可穿戴设备可以说得上是构成大数据的每一个细胞。可穿戴设备不仅是一种硬件设备，更是通过软件支持以及数据交互、云端交互来实现强大的功能。可穿戴设备的应用领域越来越广泛，可穿戴设备将会对人们的生活、感知带来很大的转变。

随着技术的不断更新发展，新式可穿戴设备不断被开发出来，包括谷歌、苹果、微软、索尼、华为、摩托罗拉、海尔等诸多国际知名品牌也都开始在这个全新的领域深入探索。相关业内人士分析表示，正如普通手机被智能手机颠覆，平板电脑让更多消费者放弃传统 PC 那样，智能可穿戴设备的崛起将开启人们全新的消费和生活习惯。智能可穿戴设备市场竞争激烈，对于企业来说，需要在技术和产品方面多下工夫，设计出能解决用户真正需求的产品才能在行业中走得更远。

通过智能可穿戴设备，人们正迈向一个新世界，即技术与人们互动。智能可穿戴设备能给人们提出建议。例如，对于中风患者来说，根据其在日常生活中的心率、步态等数据跟踪患者的病情改变以及根据现有的情况提供更准确的信息，并及时调整治疗方案；对于癌症等重症患者来说，用药时间过长会损害健康的身体细胞，用药时间过短则难取得治疗效果，而可穿戴设备提供的大数据可以让机构给予更合适的治疗时间并取得最佳的治疗效果。

目前，业界都日益认识到了智能可穿戴设备与大数据结合带来的巨大前景，纷纷推出相关智能可穿戴产品，开发出 PMPD 服务系统，即个人行为与健康数据服务系统。该系统通过收集、整理、过滤、判断、分析、反馈等对用户的效率管理和健康管理，对个人偏好、生活、工作行为等进行统计提炼，并在一定程度上提供干预性建议，让大数据更好地为个体服务。

相关业内人士分析表示，智能可穿戴设备具有实时监测和长期监测的优势，在健康管理方面具有很大的应用价值。在智能可穿戴设备的发展历程中，实用性和便捷性已成为大势所趋。随着技术的进步和提升，人们一定能够享受到智能可穿戴设备所带来的便利。作为最接近人体和与人体接触时间最长的设备，大数据的引入使智能可穿戴设备真正成为人体功能的延伸，其重要性会日益凸显，未来增量可期。

7.1.4 大数据带来的医疗新突破

现今社会是一个信息化的时代。大量的数据充斥着人们的生活，大数据技术已经覆盖了几乎所有的领域，在医疗方面也不例外。数据的收集和分析对于医疗事业是不可或缺的。医疗的发展过程中，从开始到现在一直秉持着理论加临床的形式，以数据来呈现。可以说大数据的收集与分析是如今医学的支撑。那么，在这个大数据的背景下，医疗事业要如何发展？它的医疗新突破口在哪里？下面从 3 个方面进行阐述。

1. 规范数据的标准

需要明确，标准化的数据才是人们需要的数据。很多时候，人们会发现采集到的数据虽然量很大，有用的却只是其中很小的一部分。

所以，如何收集到有效的、准确的数据是数据采集的一个突破口。数据是大数据医疗的“最基础”，做好数据才能有利于医疗事业的发展。同时，也要保证数据算法的跟进。

因此，需要产生专门收集、整合数据的机构。由研究者做出最初的筛选，或者得出分析结果，直接作用于医院、医疗机构等，这样可以节省其他医疗机构的时间，即大数据医疗公司的发展是大数据医疗发展的必需的一步。

2. 医疗流程的重塑

在这个大数据医疗产业中，不仅仅需要医护人员，还需要数据工程师、心理师、营养师等这样一个综合性的团队。从诊断开始到治疗、康复和后续监测等都需要这样一个复合型的医疗团队。

3. 3 大医疗形式的发展

在大数据背景下，医疗事业的发展，需要精准医疗、连续式医疗、远程医疗 3 大医疗形式突破性发展。

(1) 精准医疗。

目前，精准医疗才起步，各国都在做一些疗效比较研究、基因库建立等，并取得了一些成绩。当然，这还不够，人们需要有针对性的治疗，推出更加有效、准确的个性化治疗方法，以便减少过度治疗和治疗不足的情况发生，降低医疗成本。

(2) 连续式医疗。

连续式医疗也是一个新的医疗模式,大数据在此可以做到整合医院的资源,以较小的成本给出一个最完善的治疗服务方案,使得患者在治病时,获得一切所需的医院内部或者外部的资源,以建立医院对患者的贴心照料。

而且人性化的医疗也会逐步走入人们的日常生活中去,对于患者的生活习惯进行关注,了解患者是否按时服药等出院后的后续服务,有利于建立和谐的医患关系。

(3) 远程医疗。

远程医疗方面的数据对于慢性病患者尤其重要。通过监控慢性患者的情况,分析目前药物治疗的效果,并对其之后的治疗方式进行调整。

例如,现今的糖尿病患者,通过家用血糖仪、其他 App,或者芯片等方式,就可测得相关数据。这些方式将患者的数据收集起来,并上传病历数据库。这样的实时数据,有助于医生随时了解患者的情况,一旦病情发生变化,医生可以通知患者就医,以减少患者紧急情况的发生。

另外,大数据还助力于医疗相关事业的发展,具体表现在以下几个方面。

(1) 药品和医疗器材的研究。

大数据在药品和医疗器械的研究上也是一个突破。利用大数据,了解新产品的使用效果以及它的副作用,以便做出改进,寻找更加合适的药品配方或者改进医疗器材。当然,如果有数据支持,医生配药时给病患使用药物,也可以避免一些药物的不良反应。

(2) 疾病管理及预测模型。

大数据医疗需要形成一定的疾病管理和预测模式。在患者的档案中进行分析,若是某类疾病的易发人群,医生可以进行预防性保健。

同时,大数据医疗也可以帮助预测疾病的高发期或者地点等,帮助政府阻止流行性疾病的暴发或者传播,使得国家在传染病流行、快速反应应急方面做得更好,也可以提高民众的健康风险意识,降低感染传染病的风险。

(3) 突破现有的医疗商业创新模式。

之前提到的大数据医疗公司是一个发展的突破口,另外,在线医疗网站或者社区也同样重要。在线医疗网站与实体的医院需要结合起来,实现病患与医生的互动。这样可以使得病患在家里就能了解自己的状况,医生也可以初步判断患者是否需要就医,以便减少患者就医次数和节约医生的时间,以服务更多的病患。

相信大数据医疗会给人们带来一个新的医疗时代,会给人类的健康带来更多帮助。当然,医疗公司或者医院都将要承受大数据医疗带来的冲击,克服其所面临的困难。

7.2　大数据环境下的智能交通

随着社会经济的快速发展,汽车进入千家万户,我国道路交通管理水平也日益提高,智能交通作为解决现行交通矛盾的一门学科也日显重要,在全面提高道路交通管控能力、减少交通拥堵、降低道路交通事故工作中发挥了积极作用。交通作为人类行为的重要组成和重要条件之一,对大数据的感知也是最急迫的。智能交通的发展以“保障安全、提高效率、改善环境、节约能源”为目标受到各国的重视,我国的智能交通也实现了快速发展,许多技术手段都达到了国际领先水平。

7.2.1 什么是交通大数据

把交通信息有关的所有数据整合到一起(比如车辆信息、地图信息、人员信息、违规违章记录信息等),形成一个数据链,即交通大数据。它是指借助无线传感器、高速通信网络将公路道路信息传递到控制端并将反馈的信息发送到对应控制设备。这些传感器主要有摄像头、车票识别装置、人脸识别装置、地质监控装置等。

交通大数据最直接的应用就是智能交通系统(Intelligent Transportation System,ITS),如图 7-5 所示。它是综合运用现代通行技术、信息技术和计算机技术、导航定位技术、图像分析技术等,将交通系统所涉及的人、车、道路、环境有机地结合在一起,使其发挥智能作用,从而使交通系统智能化,更好地实现安全、通畅、低公害和耗能少的目的。

图 7-5 智能交通系统

7.2.2 大数据环境下智能交通的特点

大数据技术的应用给智能交通运输领域带来了巨大的变化。大数据环境下智能交通具有如下特点。

(1) 及时性。

随着大数据在交通领域的应用,能够及时处理交通数据,提供应对方案,帮助人们在大量的数据信息中及时发现交通的异常情况,并及时采取应对措施。大数据的应用方便了交通运输的管理。

(2) 分散性。

大数据技术能够快速处理复杂多变的数据,提高数据的处理效率。并且大数据还支持多用户同时访问,具有分散性,在出现交通紧急事件时能够将数据信息分散出去,促进多方协作,快速处理信息,共同解决问题。

(3) 高效性。

交通大数据技术具有高效性,能够快速处理数据,发现复杂数据中的内在联系,进而提高交通管理的运作效率和执行能力。利用大数据的高效性能够减少交通紧急事件的发生,提高解决交通事故的效率,对于交通领域的发展也有很大的帮助。

(4) 预测性。

大数据技术具有较强的预测能力,通过在各个区域建立对交通状态的预测和监测模型,能够有效地降低交通事故误报的概率。预测模型可以对交通路况进行实时监控,共享交通路况信息及数据,帮助用户提前了解交通状况,避开拥挤路段,避免交通事故的发生。

7.2.3 大数据在智能交通中的应用

大数据是建立智能交通体系的基础,建立以大数据为基础的智能交通体系要考虑交通数据量多、数据复杂分散的特点,确保智能交通体系处理交通数据的高效性和强实时性。大数据技术在解决目前交通领域存在的问题有以下 4 个方面。

(1) 交通数据的采集。

利用大数据有关技术,能够采集两大类数据:

一是以车为对象的 GPS 轨迹数据、速率数据。

二是以公司为对象的公交 IC 卡数据、手机 GPS 数据、各类 App 供给的网络交通数据等移动数据。

(2) 优化公共交通,提供智能服务。

在大城市中,诸多交通出行都是定点定线运行的,以公交车为例,若是交通资源设置不合理,就容易引起出行者期待时间过长、坐车拥挤等问题,从而影响人们的正常生活。实行大数据技术能够实现对站点客流量实时动态监测,乘客使用有关 App 能够实时查询公交车运行情况,明确车辆运行时间等。

(3) 提高交通运输安全性。

在交通运输体系中,因为车辆多、气候条件差、道路质量差、司机自身因素等综合作用容易引起交通事故的发生。大数据的实时性、可展望性、及时处理信息的能力保证了交通体系对事故的自动预警,以便提前预测事故产生的可能性。例如,能够了解有关监控设备实时采集情况、道路环境等信息,使用大数据技术进行剖析和处置,并将决议通知以交通广播电台、手机短信、车载终端等实时公布给相应的司机,进行判别提醒,从而有效降低事故发生的可能性,提高交通运输安全性。

(4) 供给交通解决方案。

大数据作为一种新兴的技术,为大城市交通疏导提供了新思路。大城市交通体系中,时时刻刻都在发生交通数据,如网络交通数据、公交交通数据、车辆 GPS 数据、视频监控数据等,使用大数据技术能够实现对交通数据实时收集、快速剖析处置,并通过预测模型做出交通预测报告,凭借预测信息公布交通路况,提示出行者路况,能够使出行者节约行驶时间、缩短行驶距离,让交通路网顺畅运转。

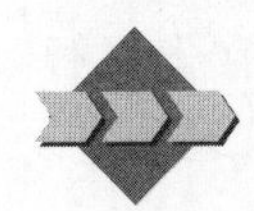

7.3 大数据环境下的智慧旅游

随着时代的进步,中国旅游开始步入“指尖上的旅行”时代,人们喜欢用手机查询旅游信息,用手机地图找路,旅游产品实现移动支付,各大旅游网站门户,如同程、携程、去哪儿等纷纷推出手机客户端以满足旅游者的需求。

智慧旅游是网络信息化快速发展以及旅游业对于信息高度依赖化的产物,在短短的十年间，QQ、博客、微信、微博等各种个人分享平台应运而生，旅游门户网站风生水起。智慧旅游作为一种新兴的旅游发展理念，其本质就是满足游客多元化的信息需求和体验需求，智慧旅游建设的成败也必将以游客的亲身体验和评价判断为根本标准。将大数据分析等新兴技术引入智慧旅游系统的建设中，对于提升旅游行业形象和服务管理水平具有重要意义，同时也有利于促进管理创新，为旅游服务行业引入全新的可持续发展模式。

7.3.1 大数据环境下智慧旅游的数据特征

随着科技的发展和时代的进步，目前人们的衣食住行都离不开信息化、数字化。旅游作为一个服务的集合体，涵盖了食、宿、行、游、购、娱等多个方面，更走在了数字化和信息化的最前端。旅游景区大数据平台如图 7-6 所示。

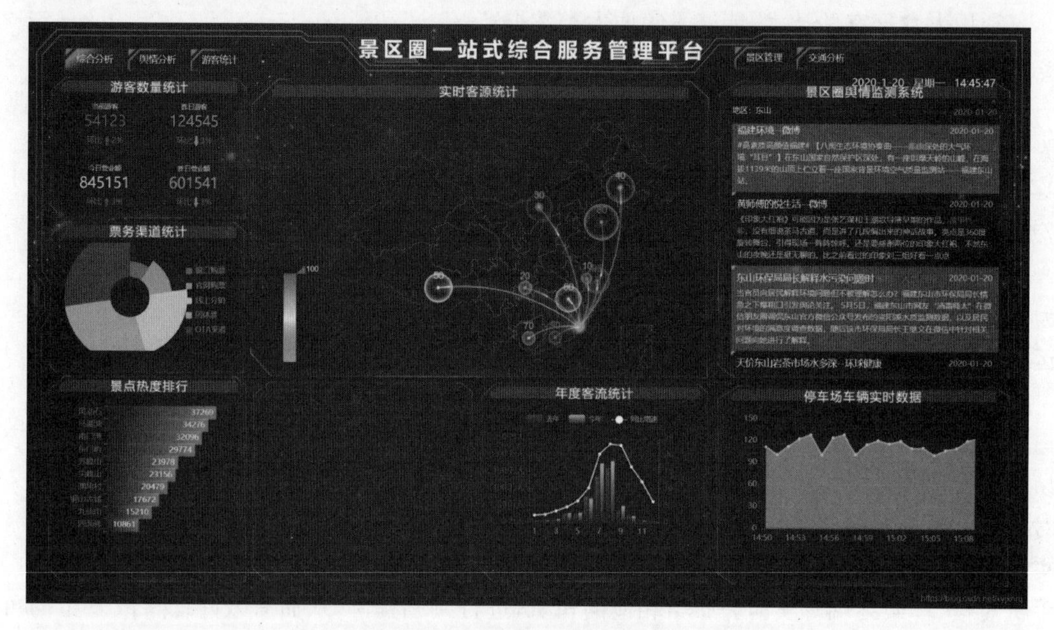

图 7-6 旅游景区大数据平台

大数据环境下智慧旅游的数据特征如下。

(1) 数据体量大。线上旅游产业得益于互联网技术发展而迈入全新发展阶段，并且伴随互联网旅游产业的发展所衍生的旅游门户网站不断增多，具体包括旅游微博账号、攻略网站、旅游服务预定网站、微信公众号以及在线旅游信息浏览网站等。而上述门户网站运行期间产生海量数据信息，包括游客旅游日记的分享，如旅游线路分析、旅游攻略、景点照片、旅游航班、旅游点评以及旅游酒店等信息，随着时间的推移，数据量十分庞大。

(2) 数据类型多。大数据类型丰富多样，包括文字、视频以及图像等类型，而在发展智慧旅游期间，数据的产生类型具体包括地理位置共享、景区视频、旅游订单、景区管理信息、感知监控系统产生的数据、游客发布的数据等。

(3) 数据价值密度低。在众多数据资料中，真正具备高价值的数据并不多。例如，某游客在旅游期间对同一景点共拍摄 10 张照片，虽然每张照片可能在造型方面存在差异，但是这些照片最大的作用和价值在于自然环境信息的提供以及景点信息的提供，所以所有照片中价值高的信息仅有1/10。

(4) 处理速度快。在互联网旅游的发展背景下，依托于社交媒体分享、互动功能应用，在线旅游 App 预定系统中反馈、评价功能的应用，旅游网站中汇总功能的应用，实现对旅游信息处理效率的提升，并达到信息整合、筛选有效性提升的目的。

7.3.2　大数据在智慧旅游中的应用

智慧旅游发展过程中，大数据技术可以进一步提升智慧旅游整体服务水平。大数据技术应用的目的在于专业化处理高价值信息，而并非搜集海量的信息数据，而是对数据进行加工处理。通过对数据信息进行专业化处理，达到数据增值的目的。因此，发展智慧旅游的过程中大数据技术的应用是关键。大数据在智慧旅游中的具体应用如下。

(1) 运用智能化技术。旅游从业者应当使用适合于企业发展的科技手段，利用云计算、物联网等高科技设备，通过线上和线下平台的结合，利用其优点、特点解决行业中存在影响游客体验如排队、拥堵等痛点问题，提高旅游行业的服务效率。利用大数据分析，分析消费者行为，分析行业存在的问题，并通过制定相关政策进行解决。

(2) 以手机为工具。以 App 或微信作为媒介，实现景区信息便捷查询并集支付功能为一体，同时可以在相关应用或程序中植入一些品牌进行营销，通过裂变式分销吸引游客参与互动与分享。

(3) 数据资源共享化。目前为止，很多拟建全域旅游示范区的区域普遍存在“信息孤岛”现象。换言之，就是各个系统呈现各自独立、分散的运行状态，旅游局与其他业务系统之间的数据没有实现互通共享，也就导致了数据沉睡、数据封闭而没有发挥其最大价值。通过大数据平台的建设，能够使旅游行业的数据得到跨部门、跨层级的综合应用，适当开放部分公共数据，也能够带动社会与企业、社会与互联网的数据开放共享化，实现旅游关联行业高效协同合作。

(4) 产业运行数据化。通过大数据平台实时监测全域范围内的各个系统，为产业发展提供决策性的数据支撑。大力推动旅游科技创新，打造旅游发展科技引擎，建设旅游产业大数据平台，建设全国旅游产业运行监测平台，建立旅游与公安、交通、统计等部门数据共享机制，形成旅游产业大数据平台。

(5) 市场营销精准化。大数据时代的精准营销已经得到越来越多的旅游单位的认可与接受，实现精准营销才能提高旅游地的市场竞争力。涵盖客流监测系统、车流监测系统、游客画像分析等旅游大数据分析系统，对全域范围的运行状况进行精准的感知与输出，最终将助力市场营销的精准化与产品服务的个性化调整，以提高市场营销的效能。

(6) 行业管理智能化。通过产业管理平台来实现各个业务系统的工作整合，打造跨产业的监管体系，实现不同行业与不同部门的数据共享，最终实现政府部门对于整个区域的监管要求，提高旅游管理的科学化和智能化水平。

(7) 保证数据安全。随着数据分析的深入，大数据成为企业一笔珍贵的无形资产，那么保证数据的安全也是保证企业的资产、保证企业安全，同时这也是保护游客的隐私。因此，避免数据泄露、加强数据安全方面的投入、保证数据安全是一件刻不容缓的事情。

7.4 大数据环境下的智能物流

智能物流是大数据在物流领域的典型应用。智能物流融合了大数据、物联网和云计算等新兴IT技术，使物流系统智能化。大数据技术是智能物流发挥其重要作用的基础和核心，物流行业在货物流转、车辆跟踪、仓储等环节中产生了海量的数据，分析这些物流大数据，将有助于挖掘物流活动背后隐藏的规律，优化物流过程，提升物流效率。

7.4.1 智能物流的概念

智能物流又称智慧物流，智能物流是利用集成智能化技术，使物流系统能模仿人的智能，具有思维、感知、学习、推理判断和自行解决物流中某些问题的能力，从而实现物流资源优化调度和有效配置、物流系统效率提升的现代化物流管理模式。

智能物流的概念最早出现在2009年，由中国物流协会信息中心提出，将其定义为"融合现有互联网资源下的动态科学管理，实现物流工作的自动化和智能化，从而提升资源利用率和生产力水平，创造社会价值背景下的综合内涵"。随着社会经济的高速发展，智能物流也应该结合我国的经济发展现状，从多个方面更新自身核心内涵。大数据技术的出现，让智慧物流的概念综合了各项新兴技术，系统化地将一般物流的各个环节进行优化，重点提升物流效率，降低运营成本。智能物流作为物流产业的一种新业态，其核心内容在于依靠大数据或云计算等技术实现产业优化。智能物流示意图如图7-7所示。

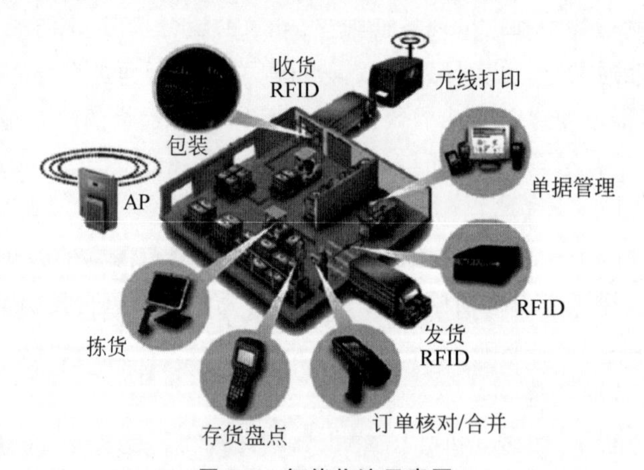

图7-7 智能物流示意图

智能物流可实现物流的自动化、可视化、可控化、智能化、网络化，从而提高资源利用率和生产力水平，实现物流行业"降本增效"。

智能物流行业发展随着信息技术和智能制造的创新提升，将经历基础期、导入期、成长期和成熟期4个阶段。其中，基础期以RFID、GPS等技术推广为基础，旨在建立基于RFID的货物可追溯系统；导入期将在无线传感技术上进一步突破；成长期将实现物联网的全面运作；成熟期将形成完全智慧的物流运作体系。目前，我国智慧物流行业发展处于基础期到导入期的过渡阶段，未来有较大的发展空间。

智能物流理念的提出顺应历史潮流，符合现代物流业发展的自动化、网络化、可视化、实时化、跟踪与智能控制的发展新趋势,也符合物联网发展的趋势。

7.4.2 智能物流的作用

智能物流具有以下几个方面的重要作用。

(1) 提高物流的信息化和智能化水平。物流的信息化和智能化不仅限于库存水平的确定、运输道路的选择、自动跟踪系统的控制、自动分拣系统的运行、物流配送中心的管理等问题,而且物品的信息也将存储在特定的数据库中,智能物流能根据特定的情况做出智能化的决策和建议。

(2) 降低物流成本和提高物流效率。由于交通运输、仓储设施、信息发布、货物包装和搬运等对信息的交互和共享要求较高,因此,可以利用物联网技术对物流车辆进行集中调度,有效提高运输效率;利用超高频 RFID 标签读写器实现仓储进出库管理,可以快速掌握货物的进出库情况;利用 RFID 标签读写器,建立智能物流分拣系统,可以有效地提高生产效率并保证系统的可靠性。

(3) 提高物流活动的一体化。通过整合物联网相关技术,集成分布式仓储管理及流通渠道建设,可以实现物流中包装、装卸、运输、仓储等环节全流程一体化的管理模式,以高效地向客户提供满意的物流服务。

(4) 为企业生产、采购和销售系统的智能融合打基础。随着 RFID 技术与传感器网络的普及,物与物的互联互通将给企业的物流系统、生产系统、采购系统与销售系统的智能融合打下基础,而网络的融合必将产生智慧生产与智慧供应链的融合,企业物流完全智能地融入企业经营之中,打破工序、流程界限,打造智慧企业。

(5) 使消费者节约成本,轻松、放心购物。智能物流通过提供货物源头自助查询和跟踪等多种服务,尤其是对食品类货物的源头查询,能够让消费者买得放心,吃得安心,在增加消费者的购买信心的同时促进消费,最终对整体市场产生良性影响。

(6) 促进当地经济进一步发展,提升综合竞争力。智慧物流集多种服务功能于一体,体现了现代经济运作特点的需求,即强调信息流与物质流快速、高效、通畅地运转,从而降低社会成本,提高生产效率,整合社会资源。

7.4.3 智能物流的应用

智能物流有着广泛的应用。国内许多城市都在围绕智慧港口、多式联运、冷链物流、城市配送等方面,着力推进物联网在大型物流企业、大型物流园区的系统级应用;还可以将 RFID 技术、定位技术、自动化技术以及相关的软件信息技术,集成到生产及物流信息系统领域,探索利用物联网技术实现物流环节的全流程管理模式,开发面向物流行业的公共信息服务平台,优化物流系统的配送中心网络布局,集成分布式仓储管理及流通渠道建设,最大限度地减少物流环节、简化物流过程,提高物流系统的快速反应能力;此外,还可以进行跨领域信息资源整合,建设基于卫星定位、视频监控、数据分析等技术的大型综合性公共物流服务平台,发展供应链物流管理。

7.4.4 大数据是智能物流的关键

在物流领域有两个著名的理论——“黑大陆说”和“物流冰山说”,这两个理论都旨在说明物流活动的模糊性和巨大潜力。对于如此模糊而又具有巨大潜力的领域,该如何去了解、掌控和开发呢?答案就是借助于大数据技术。

发现隐藏在海量数据背后的有价值的信息是大数据的重要商业价值。大数据是打开物流领域这块神秘的“黑大陆”的一把金钥匙。物流行业在运输、仓储等各个环节中都会产生海量的数据,有了这些物流大数据,所谓的物流“黑大陆”将不复存在。借助于大数据技术,可以对各个物流环节的数据进行归纳、分类、整合、分析和提炼,为企业战略规划、运营管理和日常运作提供重要支持和指导,从而有效提升物流行业的整体服务水平。

大数据将推动物流行业从粗放式服务到个性化服务的转变,甚至颠覆整个物流行业的商业模式。通过对物流企业内部和外部相关信息的收集、整理和分析,可以为每个客户量身定制个性化的产品,提供个性化的服务。

7.5 大数据环境下的食品安全

“民以食为天,食以安为先”。食品安全是保证人民生活质量的重要前提条件,食品安全检测技术的应用则成为保障食品安全的基础,同时也是促进社会稳定和维护人民健康生活的重要动力。

在大数据环境下,国内各大食品企业纷纷采用了计算机技术进行食品安全管理工作。生活中涉及食品安全的案例很多,检验部门严格检查,这是事前预防;法律追究责任,这是事后惩罚。食品流通追溯体系建设,贯穿于食品生产销售的全过程。一旦纳入这一体系,不仅能在事前震慑不良商家,进一步减轻检验部门的工作负担,也能为法律追究违法者的责任提供依据。可以说,完善的肉菜流通追溯体系是人们在大数据时代追求食品安全的全新尝试。

7.5.1 我国的食品安全问题

据有关部门的数据统计,我国食品安全大数据行业的市场规模在 2018 年达到了 16.69 亿元左右。以 2018 年及以前数据为基础,预测我国的食品安全大数据行业市场容量将会有较快的增速,预计到 2023 年市场规模能达到 40.13 亿元左右,具体统计数据如图 7-8 所示。

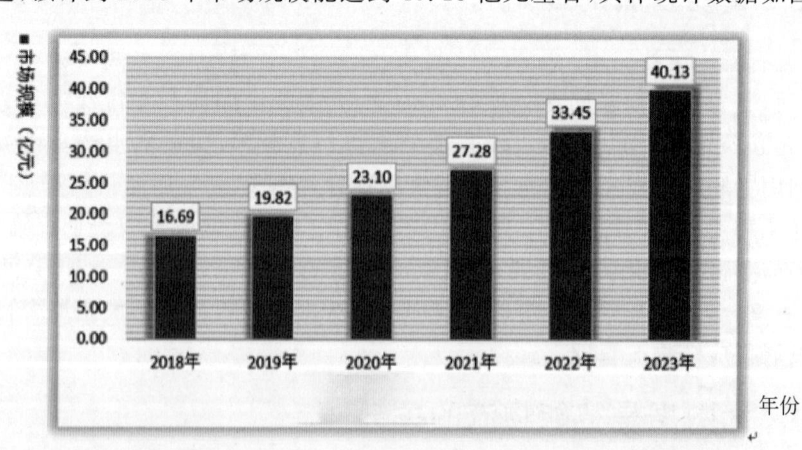

图 7-8 2018—2023 年我国食品安全大数据行业的市场规模预测

目前我国食品安全管理过程中存在的问题如下。

（1）相关法律不够完善。

首先，法律覆盖范围不够全面。当前社会不断发展，网络在人们生活当中扮演的角色越来越重要。而且网络已经改变和影响着人们生活的方方面面，食品方面也是如此。食品对网络的依赖度有所增加，诞生了各种外卖平台、服务软件、代购渠道等，但是从我国目前的法律范围分析，关于网络食品的相关法律法规不够健全。其次，目前关于食品安全问题中存在着行政处罚自由裁量情况。尽管新出台了修订版的《中华人民共和国食品安全法》，将处罚力度上升到新的高度，不过从具体实践来看，执法者面临着很大的挑战。

（2）监管制度和手段落后。

首先，在食品安全问题监管方面，作为监管人员，自身缺乏有效的培训，并且监管过程中存在着设备上的不足。在这种情况下，监管方式更多依赖于群众举报。这种监管方式不仅仅效率比较低下，而且需要耗费比较大的投入和成本。监管不够及时，也不够准确。如果监管仅依赖于经验判断，并非技术方面的支持，自然使得整体的监管效率和监管质量下降。其次，从食品检疫制度来看，目前我国食品检疫制度还需完善。我国在食品检疫资质方面相关规定宽松，使得经营者很容易获得资质。在这种情况下很容易使得一些不合格产品进入大众生活，由此导致人们面临健康安全威胁。

（3）信息透明度比较低。

我国目前整体食品安全信息透明度比较低。通过相关调查发现，在食品企业安全信息公开方面，只有少部分企业能够做到信息全面。即便是一些政府工作网站，往往也很少能够及时对食品安全信息进行公开。另外，我国目前还缺乏比较有效的社会治理体系，这也不利于食品安全信息透明度的提高，限制了食品企业对信息公开的积极性和主动性。

7.5.2　大数据在食品安全方面的应用

随着科学技术的发展，互联网逐渐覆盖了人们生活的方方面面。在这种背景下，大数据与人们的日常生活紧密相连，大数据在食品安全管理的过程中起到了非常重要的作用，具体表现如下。

（1）及时展现食品安全现状。

及时性是大数据的主要特点之一，它通过计算机技术将人们所需要的资料进行建库融合，使人们在运用时能够快速寻找到有效的资料。将大数据运用于食品安全管理过程中，可以通过大数据监测食品安全现状，将食品管理的各种情况通过大数据处理，便于人们在运用时能够快速提取资料，以达到快速了解当前食品安全现状的基本目的。

（2）全面进行食品安全交流。

食品安全事关人们的生活质量与幸福，因此在食品安全管理的过程中应积极采取措施与外界进行全方位的交流和探讨，利用大数据极强的共享性，在食品安全管理的过程中可以将大数据作为媒介，为食品安全监管提供有效的措施。

（3）客观普及食品安全方法。

通过对以往食品安全事故的总结发现，食品安全问题之所以发生，不仅与食材的提供方有着最直接、最紧密的关系，也与食品的使用者缺乏常识有着一定的关系。例如，四季豆没有煮熟会有毒，但在现实生活中仍然会有因为食用未煮熟的四季豆而中毒的事情发生；隔夜菜尽量不要吃，否则长此以往会导致身体患病等。由此可见，在日常生活中，人们的食品安全常识还非常欠缺，需要采取有效的措施来进行普及和宣传。大数据的出现能够汇总关于食品安全的常识，建立食品安全数据库，促使人们在日常生活中积极了解关于食品安全的相关常识和技能，这样就方便广大民众有足够多的渠道充分了解和运用食品安全知识。

7.6 教育大数据

随着信息化时代的全面来临，大数据技术得到了极大的发展与进步，与传统的数据相比较而言，大数据技术有着其无法超越的优势。在大数据快速发展的背景下，教育领域开始将大数据引入到整个行业，大数据与教育的深度融合也已成为必然趋势。例如，2018 年新开设“数据科学与大数据技术”专业的高校数量达 250 所。

7.6.1 教育大数据的概念

顾名思义，教育大数据即是指教育行业的大数据。其具体是指整个教育活动中所产生的和教育相关的所有数据以及开展教育活动所需的其他数据，记录了教育的发展过程并蕴藏了巨大价值的数据集合。

教育大数据的来源可分为 4 大类：一是在教学的过程中产生的教育数据，比如试卷、网络课堂视频等；二是在科学研究的过程中采集到的数据，比如科研材料的消耗和采购、论文的发表等；三是在教育管理过程中产生的数据，比如学生的体检数据、学校基本信息等；四是学校中与生活相关的数据，比如打印复印材料、洗浴数据、餐饮数据等。

7.6.2 教育大数据的特点

在大数据时代，越来越多的电子设备和信息技术将被应用到教育过程中，可以在不影响教师授课、学生学习生活的情况下采集整个教育过程中的所有信息，如学生在做题时解答每道题所停留的时间等。教育大数据包含的范围广泛、多样、混杂。与其他行业的大数据相比，教育大数据具有 3 个方面的特点，具体如下。

（1）教育大数据的采集具有高度复杂性。

我国的教育过程不仅仅有施教者、受教者还有教职工等人员所产生的数据，人具有主观意识的能动性，其行为具有不确定性，期间所产生的行为数据具有多样性和不可预估性。同样，教育过程也不存在固定的流程和模式，创新型的人才培养需要多元化、创新性的教育方法和教育模式。由于缺少像商业领域那样的标准业务流程和管理方法，因此教育大数据的采集会比较复杂。

（2）教育大数据的应用需要高度的创造性。

大数据在教育领域的应用需要突破常规的数据分析与应用的思维，这样才可以在重塑教育方面挖掘出更多的可能性。当前我国的教育发展面临许多问题，比如教育公平、教育质量、学生减负、学生择校等一系列的重大难题，能否解决这些问题，直接影响着民众对中国教育的满意程度。教育关乎国计民生，而教育又存在着各种各样的现实难题，因此需要将数据挖掘、学习分析、人工智能、可视化等技术运用到教育问题中并充分发挥创造性，才能解决当下的难题。

(3) 教育大数据的相关关系和因果关系。

在商业大数据中，如果能够发现数据之间的相关关系，即可得到非常有价值的信息，此时即可利用大数据为自己获取更多的利益和便利。但是教育大数据不仅需要搞清楚数据相关关系，还需要搞清楚数据之间的因果关系，教育以人为本，不仅要“知其然”更要“知其所以然”。这样才能找到问题的本质，从根源上解决问题。

7.6.3 大数据对教育的影响

大数据技术是21世纪最具时代标志的技术之一。国务院发布的《促进大数据发展行动纲要》中提出：“大数据是以容量大、类型多、存取速度快、应用价值高为主要特征的数据集合。”简单地说，大数据就是将海量碎片化的信息数据能够及时地进行筛选、分析，并最终归纳、整理出人们需要的资讯。

大数据给教育行业带来了重大影响。基于大数据的精确学情诊断、个性化学习分析和智能决策支持，大大提升了教育品质，对促进教育公平、提高教育质量、优化教育治理都具有重要作用，已成为实现教育现代化必不可少的重要支撑。教育大数据的主要影响突出体现在如下5个方面。

(1) 有利于促进个性化学习。

基于大数据，可以精细刻画学生的特点、洞察学生的学习需求、引导学生的学习过程、诊断学生的学习结果。通过对学习者学习背景和过程相关的各种数据的测量、收集和分析，从海量学生相关的数据中归纳、分析各自的学习风格和学习行为，进而提供个性化的学习支持。例如，美国亚利桑那州立大学运用Knewton在线教育服务系统来提高学生的数学水平，系统通过数据分析区分出每个学生的优缺点并提供有针对性的指导，全校2000名学生使用该系统两学期之后，毕业率从64%升高到75%，学生成绩也获得大幅增长。

(2) 有利于实现差异化教学。

大数据可以在保障教育规模的情况下实现差异化，一方面可以因材施教，教师可以根据学生的不同需求推荐合适的学习资源；另一方面可以达成更大的教育规模。比如，MOOC(慕课)平台突破了传统教育中实体教室的限制，课程受众面极广，能同时满足数十万学习者的学习需求。在教学过程中，MOOC平台可依托大数据构建学习者体验模型对其线上课程进行评估，进行线上课程的再设计、改变课程学习顺序、优化教学策略，为每一个学习者提供不同的教学服务，从而实现规模化下的多样化、个性化教学。

(3) 有利于实施精细化管理。

传统教育环境下，教育管理部门或决策制定者依据的数据是受限的，一般是静态的、局部的、零散的、滞后的数据，或是逐级申报、过滤加工后的数据。很多时候只能凭经验做管理、决策。大数据根据社会各方面的综合数据来源，可实现实时、精确的观察和分析，对于推进教育管理从经验型、粗放型、封闭型向精细化、智能化、可视化转变具有重要意义。以学校课程设计为例，美国加利福尼亚州马鞍山学院所开发的SHERPA(高等教育个性化服务建议助理系统)，能根据学生的喜好为他们的课程、时段和可选节次做出推荐，帮助学校课程设计咨询专家解决学生所面临的选课难题。此外，该系统还通过智能分析为教师和课程设计者提供反馈，使他们能有的放矢地改进教材。

（4）有利于提供智能化服务。

大数据可以采集、分析管理者、家长、教师、学生各个方面的行为记录，全面提升服务质量，为学习者、教师、家长等提供更好的服务。对教育大数据的全面收集、准确分析、合理利用、成为学校提升服务能力，形成用数据说话、用数据决策、用数据管理、用数据开展精准服务的驱动力。如在择校服务方面，运用大数据智能分析技术可助力破解教育择校感性化难题，推进理性择校。例如，美国教育科学院推出的“高校导航（College Navigator）”项目，通过对全美7000多所高校各类资源指标（如所在地区、学费、奖学金资助、入学率和毕业率等）进行大数据分析并对所有大学进行排序和筛选，进而帮助家长和学生找到理想中的大学。

（5）有利于提供新的就业机会。

大数据技术的使用将为行业创造新的就业机会。特别是现在需要更多的数据分析人员对大量的学生信息进行处理分析，并利用其调查结果。尽管没有人真正坐下来研究整个信息，但是分析人员还是需要将不同的数据集进行分类和连接，以便决策者能够更好地使用这些信息为未来制定新的策略。

7.6.4 打造网络教育体系

大数据和教育的结合一直在关注着“学生如何学习”这个问题。新兴公司将教学资料放到网上，让更多人能接收到这些资料。可汗学院（Khan Academy，由孟加拉裔美国人萨尔曼·可汗创立的一家教育性非营利组织，旨在利用网络视频进行免费授课）是一家拥有数千个教育录像的在线教育组织。如今，该网站已拥有包括历史、医学、财经、生物、计算机科学等不同科目的讲义共3600余件。该网站的录像被放到YouTube上，有超过2.02亿的浏览量。该网站的学习方法简单而有效。除了数千个视频短片外，该网站还使用了上千种练习，来帮助传授观念和评估每位学生的理解水平。

Codecademy是一家专门教授人们如何进行软件开发的网站。它不像可汗学院那样依赖视频，而是注重互动练习。该网站以班组的形式，比如Java语言开发组和网页设计组，将一系列课程聚集在一起，让学习者学到不同的程序语言。可以想象，这些网站上的视频可以培养数据科学家，或者教授人们如何使用数据分析软件。

一些重点大学也将它们的课程放到了网上。哈佛大学与麻省理工学院联手开创了edX数字教育平台，它是一个非营利性组织，以专设的在线学习为特色，目的是建立世界顶尖高校相联合的共享教育平台，提高教学质量，推广网络在线教育。目前，该平台已经拥有超过90万的注册者。该组织的座右铭是：“将来的在线教育：任何人、任何地点、任何时间。”该平台运营之初，就有6所大学加入了该组织，与麻省理工学院和哈佛大学一道，还有加州大学伯克利分校、得克萨斯大学、韦尔斯利大学和乔治城大学。此后新增的学校中，包括清华大学、北京大学、香港大学、香港科技大学、日本京都大学和韩国首尔大学6所亚洲名牌高校。

大学教师在上课的时候，会使用简短的演讲视频，布置一些作业，并进行一系列测试和考试。除了能使这些大学通过电子形式传递课程内容外，edX还提供了一个学生们交流学习方法的平台。它通过分析学生的习惯，判定出哪一门课程学生学得最好。《麻省理工科技评论》将edX提供的科技称为近两百年来最重要的教育科技。

为打造信息化教育教学生态圈，国内各学校也积极参与国家“互联网+”行动计划，加快构建高速、安全、泛在的信息化基础设施，促进信息技术与教育教学的深度融合；实施校园大数据应用工程，推进各种数据资源共享与应用，为学习、管理、支持服务和宏观决策提供科学依据。

未来 5 年，国内部分学校将依托现有条件建成“一网、一云、三平台”的智慧校园格局。加强网络基础设施建设，提升数据中心能力，构建高速、安全、稳定的校园“网”；联合国内高校、领先的互联网企业等机构，集聚、整合、共享优质教育资源，构建开放教育“云”；以构建智慧校园为方向，打造融合贯通的“信息平台”、开放灵活的“学习平台”、规范高效的“管理平台”，建成覆盖全国办学系统的“云教室”；打造支持千万级在线学习的远程教育基础设施。

知识巩固与技能训练

一、名词解释

1. 智慧医疗　2. 交通大数据　3. 智慧旅游　4. 教育大数据

二、单选题

1. 当前社会中，最为突出的大数据环境是(　　)。

A. 互联网　　B. 物联网　　C. 综合国力　　D. 自然资源

2. 医疗健康数据不包括(　　)。

A. 诊疗数据　　B. 个人健康管理数据

C. 公共安全数据　　D. 健康档案数据

3. 下面(　　)不属于大数据环境下智能交通的特点。

A. 及时性　　B. 非预测性　　C. 分散性　　D. 高效性

4. 国务院办公厅在(　　)印发《关于促进和规范健康医疗大数据应用发展的指导意见》。

A. 2013 年　　B. 2014 年　　C. 2015 年　　D. 2016 年

5. 大数据不是要教机器人像人一样思考，相反，它是(　　)。

A. 把数学算法运用到海量的数据上来预测事情发生的可能性

B. 被视为人工智能的一部分

C. 被视为一种机器学习

D. 被视为人工智能的一种算法

三、简答题

1. 具体描述智慧医疗具备的优势。
2. 具体描述大数据环境下智慧旅游的数据特征。
3. 具体描述大数据对教育的影响。

第8章 工业大数据

导读案例

西航集团智能制造解决方案

中国一航西安航空发动机(集团)有限公司(简称“西航集团”)始建于1958年,是中国大型航空发动机制造基地和国家1000家大型企业集团之一。西航集团现有工程技术人员2500多名,拥有各种国内外先进的冷、热加工设备和计量测试设备4000余台(套),先后取得了150多项省、部级以上科研成果奖,研制生产了涡轮喷气发动机、涡轮发电装置、涡轮风扇发动机、燃气轮机等一批代表我国高精尖制造水平的产品。通过实施以设备联网、通信和数据采集为基础、以PLM技术为支撑、以数字化工单管控为核心的CAXA智能制造系统,实现了车间各类数控装备的联网、通信和设备状态数据采集,实现了图纸、工艺、3D模型等技术文件的数字化下发,以及生产进度、质量等信息的适时反馈,将车间单元设备柔性制造能力快速提升为网络化柔性制造能力,提高了企业精益生产和智能制造水平。

工业运行数据采集范围包括数控设备开机与关机、主轴转停、执行程序名和起止时间、故障代码等运行状态数据,并能生成或采集机床累计开机时间、主轴累计运转时间、程序累计运行时间等数据。

机床实时状态监测包括开关机状态、进给速度、转速、位移、刀具等,还包括生产状态监测:加工程序起始/终止时间、实际运行时间,维修监测、报警信息等。整体上,体现出了工业大数据的几个显著特点:强大的实时监控和采集功能以及强大的数据优化能力。

8.1 工业大数据概述

在我国,工业大数据领域的研究和应用刚刚起步,随着大数据、物联网及云计算技术的发展,数据蕴含的价值正在飞速提高,以工业大数据为主线的技术创新与产业发展趋势正在显现。

8.1.1　什么是工业大数据

工业大数据是指在工业领域中，围绕典型智能制造模式，从客户需求到销售、订单、计划、研发、设计、工艺、制造、采购、供应、库存、发货和交付、售后服务、运维、报废或回收再制造等整个产品全生命周期各个环节所产生的各类数据及相关技术和应用的总称。其以产品数据为核心，极大延展了传统工业数据范围，同时还包括工业大数据相关技术和应用。其主要来源可分为以下3类：第一类是生产经营相关业务数据；第二类是设备物联数据；第三类是外部数据。

工业大数据技术是使工业大数据中所蕴含的价值得以挖掘和展现的一系列技术与方法，包括数据规划、采集、预处理、存储、分析挖掘、可视化和智能控制等。工业大数据应用则是对特定的工业大数据集，集成应用工业大数据系列技术与方法，获得有价值信息的过程。工业大数据技术的研究与突破的本质目标就是从复杂的数据集中发现新的模式与知识，挖掘并得到有价值的新信息，从而促进制造型企业的产品创新、提升经营水平和生产运作效率以及拓展新型商业模式。

工业大数据和传统大数据的格式、应用范畴会有些不同，一方面是在设计制造阶段有很多技术数据，包括二维和三维图纸、工艺、数控仿真的图形、算法等非结构化数据；另一方面还有大量的物联网数据，包括生产现场机床采集数据、工业产品现场应用采集数据等，在生产效率和智能化，以及产品质量检测、维护、环境保护、能源管理等方面都初步显现影响力。

8.1.2　工业大数据的特征

工业大数据除具有一般大数据的特征(数据容量大、多样、快速和价值密度低)外，还具有时序性、强关联性、准确性、闭环性等特征。

(1) 数据容量大(Volume)。数据的大小决定所考虑的数据的价值和潜在的信息。工业数据体量比较大，大量机器设备的高频数据和互联网数据持续涌入，大型工业企业的数据集将达到PB级甚至EB级别。

(2) 多样(Variety)。指数据类型的多样性和来源广泛。工业数据分布广泛，分布于机器设备、工业产品、管理系统、互联网等各个环节，并且结构复杂，既有结构化和半结构化数据，也有非结构化数据。

(3) 快速 (Velocity)。指获得和处理数据的速度。工业数据处理速度需求多样，生产现场要求时限时间分析达到毫秒级，管理与决策应用需要支持交互式或批量数据分析。

(4) 价值密度低 (Value)。工业大数据更强调用户价值驱动和数据本身的可用性，包括提升创新能力和生产经营效率，及促进个性化定制、服务化转型等智能制造新模式变革。

(5) 时序性(Sequence)。工业大数据具有较强的时序性，如订单、设备状态数据等。

(6) 强关联性(Strong-Relevance)。一方面，产品生命周期同一阶段的数据具有强关联性，如产品零部件组成、工况、设备状态、维修情况、零部件补充采购等；另一方面，产品生命周期的研发设计、生产、服务等不同环节的数据之间需要进行关联。

(7) 准确性(Accuracy)。主要指数据的真实性、完整性和可靠性，更加关注数据质量，以及处理、分析技术和方法的可靠性。对数据分析的置信度要求较高，仅依靠统计相关性分析不足以支撑故障诊断、预测预警等工业应用，需要将物理模型与数据模型结合，挖掘因果

关系。

(8) 闭环性(Closed-Loop)。包括产品全生命周期横向过程中数据链条的封闭和关联,以及智能制造纵向数据采集和处理过程中需要支撑状态感知、分析、反馈、控制等闭环场景下的动态持续调整和优化。

由于以上特征,工业大数据作为大数据的一个应用行业,在具有广阔应用前景的同时,对于传统的数据管理技术与数据分析技术也提出了很大的挑战。

8.1.3 工业大数据的战略价值

工业大数据具有很重要的战略价值,它是制造业提高核心能力、整合产业链和实现从要素驱动向创新驱动转型的有力手段。对一个制造型企业来说,工业大数据不仅可以用来提升企业的运行效率,更重要的是如何通过工业大数据等新一代信息技术所提供的能力来改变商业流程及商业模式。从企业战略管理的视角,可看出工业大数据及相关技术与企业战略之间的关系主要有如下 3 种。

(1) 工业大数据与战略核心能力。工业大数据可以用于提升企业的运行效率。

(2) 工业大数据与价值链。工业大数据及相关技术可以帮助企业扁平化运行、加快信息在产品生产制造过程中的流动。

(3) 工业大数据与制造模式。工业大数据可用于帮助制造模式的改变,形成新的商业模式。其中,比较典型的智能制造模式有自动化生产、个性化制造、网络化协调及服务化转型等。

随着新一代信息技术与制造业的深度融合,工业企业的运营管理越来越依赖工业大数据。工业大数据的潜在价值也日益呈现。随着越来越多的生产设备、零部件、产品以及人力和物力不断加入工业互联网,也使工业大数据呈现出爆炸性增长的趋势。

8.2 智能装备

近年来,以移动互联网、物联网、大数据、云计算为代表的新一代信息技术,以 3D 打印、机器人、人机协作为代表的新型制造技术与新能源、新材料和生物科技一起,呈现多点突破、交叉融合,智能制造技术创新不断取得新突破。

8.2.1 智能装备的概念

智能装备(Intelligent Equipment)指具有感知、分析、推理、决策、控制功能的制造装备,它是先进制造技术、信息技术和智能技术的集成和深度融合。中国重点推进高档数控机床与基础制造装备,自动化成套生产线,智能控制系统,精密和智能仪器仪表与试验设备,关键基础零部件、元器件及通用部件,智能专用装备的发展。实现生产过程自动化、智能化、精密化、绿色化,带动工业整体技术水平的提升。

例如,在精密和智能仪器仪表与试验设备领域,要针对生物、节能环保、石油化工等产业发展需要,重点发展智能化压力、流量、物位、成分、材料、力学性能等精密仪器仪表和科学仪器及环境、安全和国防特种检测仪器。

在关键基础零部件、元器件及通用部件领域,要重点发展高参数、高精密和高可靠性轴承、液压/气动/密封元件、齿轮传动装置及大型、精密、复杂、长寿命模具等。

在智能专用装备领域,要重点发展新一代大型电力和电网装备、机器人产业、全断面掘进机、快速集成柔性施工装备等智能化大型施工机械,以及大型先进高效智能化农业机械等。

此外,还要以大飞机、支线飞机及通用飞机为应用对象,采用飞机制造、机床制造和材料生产企业相结合,重点发展复合材料制备装备、自动铺带/铺丝设备、构件加工机床、超声加工/高压水切割设备等。

8.2.2 智能装备市场的发展现状

我国已经成为世界工厂,制造业是我国的支柱产业,但与发达国家的技术差异使我国只能从事劳动密集型产业,效率低、利润少。所以,智能制造装备是制造业转型升级的关键。因为智能制造装备系统的主要特征体现了制造业生产的智能化,意味着可以从本质上提高生产效率。未来,智能制造装备行业也将向自动化方向发展,自动化工厂建设是趋势。目前,智能装备的发展现状可以概括为以下几点。

(1) 智能制造装备已经形成了完善的产业链。

目前,智能制造装备的产业链包括关键基础零部件、智能化高端装备、智能测控装备和重大集成装备 4 大环节。

(2) "4 大区域"集聚格局初步显现。

从智能装备行业的区域竞争格局来看,目前,我国的智能制造装备主要分布在工业基础较为发达的地区。在政策东风的吹拂下,我国正在形成珠三角、长三角、环渤海和中西部 4 大产业集聚区,产业集群将进一步提升各地智能制造的发展水平。

珠三角地区：加快机器换人,逐步发展成为"中国制造"主阵地。其中,广州围绕机器人及智能装备产业核心区建设,深圳重点打造机器人、可穿戴设备产业制造基地、国际合作基地及创新服务基地。

长三角地区：培育一批优势突出、特色鲜明智能制造装备产业集群,智能制造发展水平相对平衡。

环渤海地区：依托地区资源与人力资源优势,形成"核心区域"与"两翼"错位发展的产业格局。其中,北京在工业互联网及智能制造服务等软件领域优势突出。

中西部地区：落后于东部地区,尚处于自动化阶段,依托高校及科研院所优势,以先进激光产业为智能制造发展的"新亮点",发展出了技术领先、特色突出的先进激光产业。

(3) 智能化高端装备市场份额高。

智能化高端装备在我国经济结构转型升级中处于核心环节,是国民经济和国防建设的重要支撑,是推动工业转型升级的关键引擎。近几年,我国智能化高端装备仍占据最高份额,关键基础零部件份额提升。

(4) 智能制造装备存在的 3 大问题。

智能制造装备目前存在的 3 大问题是：第一,与发达国家相比存在差距。我国智能制造装备产业技术创新能力薄弱,新型传感、先进控制等核心技术受制于人,在新技术和新产品的研发上,多数仍与国外先进企业的技术上存在一定的差距。第二,企业规模小,竞争力弱。智能制造装备产业在我国起步晚,国内优势企业数量少,产业组织结构小,竞争力弱,缺乏具有国际竞争力的骨干企业,仅少数企业发展到一定的实力。第三,产业基础薄弱,缺乏行业内的支持。智能制造装备产业基础薄弱,行业内的配套企业整体实力较弱。一些优势企业在系统的整体技术与集成能力上有所突破,但一些核心部件的制造仍缺乏国内企业的配套支持,仍受制于国外企业。

8.2.3 智能装备的发展方向

落后的技术迫使我国制造业转型升级,同时,也只有掌握技术,才可以改变劳动密集型产业的现状。制造业转型的主要方向为智能制造,主要特征有:第一,智能机器在一定程度上表现出独立性、自主性和个性,甚至相互间还能协调运作与竞争;第二,人机一体化突出人在制造系统中的核心地位,同时在智能机器的配合下,更好地发挥出人的潜能;第三,其余分别为结合虚拟现实技术,自组织与超柔性以及学习能力与自我维护能力。智能制造不仅能提高生产效率,同时在一定程度上能真正解放生产力。我国也将智能制造装备系统作为目前制造业发展的主要方向。

智能装备制造将体现在具体领域,真正的智能化是从生产到服务过程的装备智能化。首先是生产方式的智能化,在生产方式上,只有智慧工厂及智能设备的普及和配备才能真正实现智能生产。其次是产品的智能化,体现在芯片、传感器、机器视觉等新型人工智能产业。另外,定制化生产和产品追溯将成为智能制造的新业态新模式;管理实现智能化需要在生产管理及物流管理等领域结合人工智能等实现机器赋能,让管理效率有更大程度的提升。最后是服务将同步实现智能化,具体体现在在线监测、远程诊断及云服务方面。总体来看,实现彻底智能化制造装备主要历经3个阶段。从智慧工厂到数字化工厂,最后实现自动化工厂。

政策支持力度不断加大,智能制造产业迎来大好发展时机。国家无论是从顶层政策体系,还是细节政策引导都出台相应规定。2018年11月,国家统计局发布了《战略性新兴产业分类(2018)》,智能制造装备产业被纳入战略性新兴产业。

未来,我国智能制造装备呈现出自动化、集成化、信息化、绿色化的发展趋势。自动化体现在装备能根据用户要求完成制造过程的自动化,并对制造对象和制造环境具有高度适应性,实现制造过程的优化;集成化体现在生产工艺技术、硬件、软件与应用技术的集成及设备的成套与纳米、新能源等跨学科高技术的集成,从而使设备不断升级;信息化体现在将传感技术、计算机技术、软件技术"嵌入"装备中,实现装备的性能提升和"智能";最后绿色化主要体现在从设计、制造、包装、运输、使用到报废处理的全生命周期中,对环境负面影响极小,使企业经济效益和社会效益协调优化。

8.3 智慧工厂

智慧工厂是工业互联网时代的必然产物。所谓工业互联网,是指工业系统与高级计算、分析、感应技术以及互联网连接的融合应用,通过智能机器间的连接,结合软件和大数据分析,重构工业生产流程,不但能极大地提升生产效率,还能精准满足各类消费者需求。智慧工厂作为工业智能化发展的重要实践模式,已经引发行业的广泛关注。相信在不久的将来,智慧工厂建设将大力推动制造业的发展。

8.3.1　智慧工厂的概念

智慧工厂是现代工厂信息化发展的新阶段。它是在数字化工厂的基础上，利用物联网技术和设备监控技术加强信息管理和服务；清楚地掌握产销流程，提高生产过程的可控性，减少生产线上人工的干预，即时、正确地采集生产线数据，以及合理编排生产计划与生产进度，并融绿色智能的手段和智能系统等新兴技术于一体，构建一个高效节能的、绿色环保的、环境舒适的人性化工厂。它是IBM“智慧地球”理念在制造业实际应用的结果。智慧工厂如图8-1所示。

图8-1　智慧工厂

智慧工厂是以产品全生命周期的相关数据为基础，在计算机虚拟环境中，对整个生产过程进行仿真、评估和优化，并进一步扩展到整个产品生命周期的新型生产组织方式。数字化工厂主要解决产品设计和产品制造之间的“鸿沟”，实现产品生命周期中的设计、制造、装配、物流等各个方面的功能，降低设计到生产制造之间的不确定性，在虚拟环境下将生产制造过程压缩和提前，并得以评估与检验，从而缩短产品设计到生产的转化时间，并且提高产品的可靠性与成功率。

8.3.2　智慧工厂的特征

智慧工厂的发展，是智能工业发展的新方向。智慧工厂建设模式为推进生产设备(生产线)智能化，通过引进各类符合生产所需的智能装备，建立基于制造执行系统(Manufacturing Execution Systems，MES)的车间级智能生产单元，提高精准制造、敏捷制造、透明制造的能力。智慧工厂的特征体现在制造生产上可以概括为以下几点。

(1) 系统具有自主能力。系统可自动采集与理解外界及自身的资讯，并分析判断及规划自身行为。

(2) 整体可视技术的实践。结合信号处理、推理预测、仿真及多媒体技术，将实际环境扩增展示现实生活中的设计与制造过程。

(3) 协调、重组及扩充特性。系统中各组可依据工作任务,自行组成最佳系统结构。

(4) 自我学习及维护能力。通过系统自我学习功能,在制造过程中落实资料库补充、更新,自动执行故障诊断,并具备对故障排除与维护的功能。

(5) 人机共存的系统。人机之间具备互相协调合作关系,各自在不同层次之间相辅相成。

8.3.3 实现智慧工厂所需的技术

智慧工厂作为未来工业发展的必然趋势,面对诸多技术挑战,需要解决多个方面的问题。下面简单介绍智慧工厂需解决的问题及技术。

(1) 无线感测器。

无线感测器将是未来实现智慧工厂的重要利器。智慧感测是基本构成要素,但如果制造流程有智慧判断的能力,仪器、仪表、感测器等控制系统的基本构成要素仍是关注焦点。仪器仪表的智慧化主要是以微处理器和人工智慧技术的发展与应用为主,包括运用神经网络、遗传算法等智慧技术,使仪器仪表实现高速、高效、多功能、高机动灵活等性能。如专家控制系统(Expert Control System,ECS)就是一种具有大量的专门知识与经验的程序系统。它运用人工智能技术和计算机技术,根据某领域一个或多个专家提供的知识和经验,进行推理和判断,模拟人类专家的决策过程,解决那些需要人类专家才能解决好的复杂问题。

此外,模块控制器(Fuzzy Controller,FC)也称模块逻辑控制器(Fuzzy Logic Controller,FLC),也是智慧工厂相关技术的关注焦点。由于模块控制技术具有处理不确定性、不精确性和模块资讯的能力,对无法建造数学模型的被控过程能进行有效的控制,能解决一些用常规控制方法不能解决的问题,也让模块控制在工业控制领域得到了广泛的应用。

(2) 控制系统网络化。

随着工厂制造流程连接的嵌入式设备越来越多,通过云端架构部署控制系统无疑已是当今最重要的趋势之一。

在工业自动化领域,随着应用和服务向云端运算转移,资料和运算位置的主要模式都已经被改变了,由此也给嵌入式设备领域带来颠覆性变革。如随着嵌入式产品和许多工业自动化领域的典型 IT 元件(如制造执行系统(Manufacturing Execution Systems,MES)和生产计划系统(Production Planning Systems,PPS))的智慧化和网络化连线程度日渐提高,云端运算将可提供更完整的系统和服务,生产设备将不再是过去单一而独立的个体。但将孤立的嵌入式设备接入工厂制造流程,甚至是云端,其实具有高度的颠覆性,必定会对工厂制造流程产生重大的影响。一旦完成连线,一切的制造规则都可能会改变,包括体系结构、控制方法以及人机协作方法等,都会因为控制系统网络化而产生变化,如控制与通信的耦合、时间延迟、资讯调度方法、分散式控制方式与故障诊断等,都使得自动控制理论在网络环境下的控制方法不断创新。

此外,由于影像、语音信号等大量资料、高速率传输对网络频宽的要求,对控制系统网络化更构成很大的挑战。因为工业生产流程不容许一点点差错,网络传递的封包资讯不能有一点点漏失,而且网络上传递的资讯非常多样化,哪些资料应该先传(如设备故障信息)、哪些资料可以晚点传(如电子邮件),都要靠控制系统的智慧能力,进行适当的判断才能得以实现。

(3) 工业通信无线化。

工业通信无线化也是当前智慧工厂探讨比较热门的问题。全球工厂自动化中的无线通信系统应用每年将增加约 40%。随着无线技术的日益普及,各家供应商正在提供一系列软硬件技术,协助在产品中增加通信功能。这些技术支援的通信标准包括蓝牙、WiFi、GPS、LTE 以及 WiMAX。

然而,在增加无线联网功能时,晶片及相关软体的选择极具挑战性,包括优化性能、功耗、成本和规模,都必须加以考虑。更重要的是,由于工厂需求不像消费市场那样标准化,必须适应生产需求,有更多弹性的选择,最热门的技术未必是最好的通信标准和客户需要的技术。

此外,无线技术虽然在便利性方面比有线技术有优势,但无线技术目前在完善、可靠性、确定性与即时性、相容性等方面还有待加强。因此,工业无线技术的定位目前仍应是传统有线技术的延伸,多数仪表以及自动化产品虽会嵌入无线传输的功能,但要舍弃有线技术,目前还言之过早。

在这些技术革新的基础上,智慧工厂将会面对 6 大技术发展趋势,即终端智能化、连接泛在化、计算边缘化、网络扁平化、服务平台化和安全提升化。由此带来的管理变革包括设备连接日趋多元化、数据处理向边缘端倾斜以及企业战略由产业个体向生态系统转型、企业运营由设备和资产向产品和客户转移。智慧工厂运作流程如图 8-2 所示。

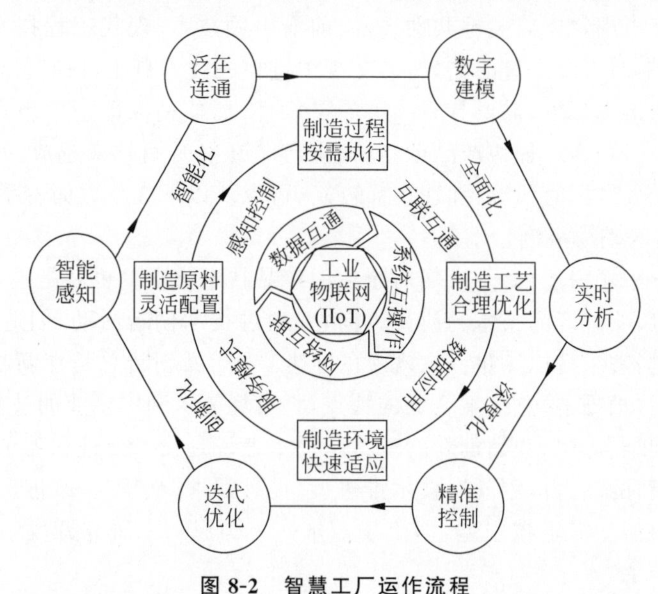

图 8-2 智慧工厂运作流程

8.4 智能服务

人类社会已经历了农业化、工业化、信息化阶段,正在跨越智能化时代的门槛。物联网、移动互联网、云计算方兴未艾,面向个人、家庭、集团用户的各种创新应用层出不穷,代表各行业服务发展趋势的"智能服务"因此应运而生。

智能服务实现的是一种按需和主动的智能，即通过捕捉用户的原始信息，通过后台积累的数据，构建需求结构模型，进行数据挖掘和商业智能分析，除了可以分析用户的习惯、喜好等显性需求外，还可以进一步挖掘与时空、身份、工作生活状态关联的隐性需求，主动给用户提供精准、高效的服务。这里需要的不仅仅是传递和反馈数据，更需要系统进行多维度、多层次的感知和主动、深入的辨识。智能服务是指能够自动辨识用户的显性和隐性需求，并且主动、高效、安全、绿色地满足其需求的服务。

高安全性是智能服务的基础，没有安全保障的服务是没有意义的，只有通过端到端的安全技术和法律法规实现了对用户信息的保护，才能建立用户对服务的信任，进而形成持续消费和服务升级。节能环保也是智能服务的重要特征，在构建整套智能服务系统时，如果最大程度降低能耗、减小污染，就能极大地降低运营成本，使智能服务多、快、好、省，产生效益，一方面更广泛地为用户提供个性化服务，另一方面也为服务的运营者带来更高的经济和社会价值。

和智慧地球等从产业角度提出的概念相比，智能服务立足于中国行业服务发展趋势，站在用户角度，强调按需和主动特征，更加具体和现实。中国当前正处于消费需求大力带动服务行业的高速发展期，消费者对服务行业也提出了越来越高的要求，服务行业从低端走向高端势在必行，而这个产业升级要想实现，必须依靠智能服务。

8.4.1 加速产品创新

习近平总书记指出，“要以关键共性技术、前沿引领技术、现代工程技术、颠覆性技术创新为突破口，敢于走前人没走过的路，努力实现关键核心技术自主可控”。信息时代，企业面对的是瞬息万变的市场环境，需要具有高度的灵敏性，抓住稍纵即逝的市场机遇，不断地迅速开发新产品以吸引顾客。加快产品创新、缩短产品开发时间越来越成为一种竞争要求和竞争优势。在工业大数据时代，要加速产品创新，可以从以下 3 个方面着手。

(1) 产品创新的动力机制。

产品创新源于市场需求，源于市场对企业的产品技术需求。也就是说，技术创新活动以市场需求为出发点，明确产品技术的研究方向，并通过技术创新活动，创造出适合这一需求的适销产品，使市场需求得以满足。在现实的企业中，产品创新总是在新技术、产品需求功能扩展的两维之中，根据本行业、本企业的特点，将市场需求和本企业的技术能力相匹配，寻求风险收益的最佳结合点。产品创新的动力从根本上说是技术推进和需求拉引共同作用的结果，全新产品创新的动力机制既有技术推进型，也有需求拉引型。改进产品创新的动力机制一般是需求拉引型。需求拉引型，即市场需求——构思——研究开发——生产——投入市场。

(2) 产品创新的策略。

以市场竞争为基本出发点的产品创新是市场经济的企业行为，是从市场到市场的全过程。企业究竟生产什么是市场需要与企业优势的“交集”，并以能否取得最大的预期投资回报率为最终选择标准。其关键在于，正确确定目标市场的需要和欲望，并且比竞争者更有利、更有效地传递目标市场所期望满足的东西。

根据创新产品进入市场时间的先后，产品创新的模式有率先创新、模仿创新。率先创新是指依靠自身的努力和探索，产生核心概念或核心技术的突破，并在此基础上完成创新的后续环节，率先实现技术的商品化和市场开拓，向市场推出全新产品。模仿创新是指企业通过学习、模仿率先创新者的创新思路和创新行为，吸取率先者的成功经验和失败教训，引进和购买率先者的核心技术和核心秘密，并在此基础上改进完善，进一步开发。

(3) 加速产品创新的方法。

加速产品的创新，第一，需要加强对产品创新的组织和管理。实施“敏捷产品”，突出在不确定环境下增强企业产品开发柔性的重要性。第二，推行组合开发。缩短产品开发的关键驱动因素有广泛的顾客参与、有效的团队管理、广泛的供应商参与、有效的产品设计方法、组织学习，要把它们组合起来实施。第三，要实施“快速响应工程”以提高综合竞争力，其中包括快速捕捉市场需求信息、快速产品设计、快速产品试制定型和快速响应制造系统4个环节。第四，就是要重视产品创新加速方法的有效性。

8.4.2 产品故障诊断与预测

多年来，工业领域由于设备故障引起的各类事故频发，直接影响企业生产和经营效益，同时也是政府部门监管的难点和痛点。随着传统工业的智能化升级，工业互联网、遥感监测、大数据分析以及5G等技术的不断发展，实现“先知先觉”“精确诊断”“定点排除”解决设备故障、提前化解生产事故，已由原先的设想、方案阶段逐步落地到实际生产中，进而大幅改善企业的经营状况。可以预见，这些技术将直接提升我国制造业智能化升级、物联网推广等重大战略的落地效率，为我国早日发展成为制造强国和科技强国提供助力。

产品故障诊断、预测和系统健康管理是一种对产品或系统在实际应用条件下进行可靠性评估的方法。其基本思想是基于当前及历史状况信息，研究正常运行状态(健康)的偏移或退化程度，以此来估计(预测)将来的可靠性。目前采用的方法包括：①使用保险或预警装置；②基于数据驱动对故障征兆进行监测和推理；③基于系统应用环境和寿命周期载荷开展失效物理(累积损伤)建模。

通过评估产品或系统在实际应用环境下的性能退化，并预测其残余(剩余)有效寿命，可以带来显著的价值：①及时提供系统失效预警；②开展基于状态的维护；③获取载荷历史信息，改善设计，检验品质，以及分析故障根本原因；④延长维护周期和缩短维修时间，增加系统可用性；⑤降低检修成本，减少停机和库存，降低设备寿命周期成本；⑥减少和预防间歇故障出现。

其实，一个合理的预测性维护模型可以在提高预测故障精度的同时，增加设备运行寿命，降低设备维护成本。维护的本质是按需提供必要的设备维护，尽可能减少甚至避免传统两次例行维护之间潜在的故障发生概率，较好地实现设备不停机运行和降低成本，这就需要用到智能检测系统、智能传感器等设备。通过传感器搜集设备运行数据，从数据中可以看出设备的健康状态，从而预测设备的工作寿命和可能存在的故障类型，让设备还未出现故障就设定好解决预案，这就是预测性维护存在的一大价值。此外，提供一个长期无故障运行的质量良好的设备，也是智能制造的竞争力所在。

设备更替成本、适用性限制、人才匮乏、行业制度不健全等因素，正对我国当前智能制造产业链生产环节的产品设备维护与检修造成一定的阻碍。除了需要攻克相应的技术难题外，设备维护资源共享平台的建设、设备故障分析系统的健全与完善等也还需要一定的时间。

今后，在人工智能、云计算、大数据、5G、AR、VR等前沿技术的有力支撑下，各车间设备维护将变得更加迅速、更加有序。而保障智能制造生产、运输、包装等流程中各类设备的正常运行，将有助于产品制造的持续推进，从而更好地满足现代社会个性化、高效化制造的新要求。

8.4.3 产品质量管理与分析

产品质量管理体系(Quality Management System，QMS)是指产品在质量方面指挥和控制组织的管理体系。质量管理体系是组织内部建立的、为实现质量目标所必需的、系统的质量管理模式，是组织的一项战略决策。

它将资源与过程结合，以过程管理方法进行的系统管理，根据企业特点选用若干体系要素加以组合，一般包括与管理活动、资源提供、产品实现以及测量、分析与改进活动相关的过程组成，可以理解为涵盖了从确定顾客需求、设计研制、生产、检验、销售、交付之前全过程的策划、实施、监控、纠正与改进活动的要求，一般以文件化的方式，成为组织内部质量管理工作的要求。

一个企业在质量管理体系运营和管理过程中，无论是执行层和管理层，总有一个声音，那就是用数据说话，因为数据是不会说谎的，所以要想做好决策就需要在过程中收集好数据；只有做好数据的统计分析，才能真正做好产品改善和产品质量控制，这也就是ISO 9001提及的基于事实的决策，这个事实就是要有大量的数据，并对这些大量数据进行有效的分析且得出了可行性结论，有了这些数据人们就可以运用数据综合分析，验证质量管理体系的适宜性和有效性、监控公司经营管理状况，为评价及改进质量管理体系提供依据；数据分析和统计是企业在每个阶段、每个部门都通用的，数据需要不断地累积、分析，再累积、再分析。只有这样才能够更好地为企业今后的发展打下坚实的基础。

而数据分析的常用手段有查检表、层别法、柏拉图、直方图、特性要因图、控制图、散点图。具体如下。

(1) 查检表：将需要检查的内容或项目一一列出，然后定期或不定期地逐项检查，并将问题点记录下来的方法。有时叫作点检表。

(2) 层别法：将大量有关某一特定主题的观点、意见或想法按组分类，将收集到的大量的数据或资料按相互关系进行分组，加以层别。层别法一般和柏拉图、直方图等其他6大手法结合使用，也可单独使用。

(3) 柏拉图：其使用要以层别法为前提，将层别法已确定的项目从大到小进行排列，再加上累积值的图形。它可以帮助人们找出关键的问题，抓住重要的少数及有用的多数，适用于记数值统计，有人称其为ABC图，又因为柏拉图的排序识别从大到小，故又称为排列图。

(4) 直方图：针对某产品或过程的特性值，利用常态分布(也叫正态分布)的原理，把50个以上的数据进行分组，并算出每组出现的次数，再用类似的直方图描绘在横轴上。

(5) 特性要因图：主要用于分析品质特性与影响品质特性的可能原因之间的因果关系，通过把握现状、分析原因、寻找措施来促进问题的解决，是一种用于分析品质特性(结果)与可能影响特性的因素(原因)的一种工具，又称为鱼骨图。

(6) 控制图：用于区分由异常或特殊原因所引起的波动和过程固有的随机波动的一种统计工具。

（7）散点图：将因果关系所对应变化的数据分别描绘在 X-Y 轴坐标系上，以掌握两个变量之间是否相关及相关的程度如何，也称为相关图。

企业各部门做数据统计分析的最终目的就是要评审管理体系的适宜性，并不断地改善和提升。要得到想要的结果就需要对数据处理并应用到实践中，所以收集数据、分析数据、处理数据、反馈和改善、纠正预防措施是数据统计分析的必经阶段。只有这样，企业才能在庞大且复杂的工作中找到规律和优势，扬长避短，不断积累有效的数据，为不断地改善产品和企业市场竞争力打下良好的基础，引领企业走向更加辉煌的未来。

8.4.4 生产计划与排程

生产计划与排程（Advanced Planning and Scheduling，APS）是在有限产能的基础上，综合来自市场、物料、产能、工序流程、资金、管理体制、员工行为等多方对生产的影响，经过优化得出合理有效的生产计划。

生产计划与排程的目的是为车间生成一个详细的短期生产计划。排程计划（Production Schedule）指明了计划范围内的每一个订单在所需资源上的加工开始时间和结束时间，也即指出了在给定资源上订单的加工工序。排程计划可以通过直观的甘特图（Gantt-Chart）形式给出。排程计划的计划间隔可以从一天到几周，取决于具体的工业生产部门。合理的计划长度取决于如下因素：首先，它至少应当涵盖与一个订单在生产单元中最大的流动时间（Flow Time）相对应的时间间隔；其次，计划间隔受到已知顾客订单或可靠需求预测的可用性限制。很显然，只有当排程计划适度稳定时，在一个资源上进行单排程才是有用的。也就是说，它们不应受不期望事件经常变化的影响（如订单数量改变或中断）。

对某些生产类型（如加工车间），生产计划与排程需要对（潜在）瓶颈资源上的任务订单进行排序和计划；而对另一些生产类型（如成组技术），生产计划与排程要能自动地、按时段检查资源组的能力，看其是否能够在下一个时间段内完成成组加工的一组订单。然后，可以手工排序这组订单在下一个时间段内的加工次序。

生产计划与排程应注意交货期先后、客户分类、产能平衡、工艺流程等原则。由车间模型生成排程计划的一般程序可简单地描述为以下几个步骤。

（1）建模。

车间模型必须详细地捕捉生产流程的特征和相应的物流，以便以最小的成本生成可行的计划。由于一个系统的产出率只受潜在瓶颈资源的限制，因此，人们只需对车间现有全部资源的一部分，也即那些可能成为瓶颈的资源，建立一个清晰的模型。

（2）提取需要的数据。

生产计划与排程使用的数据来自 ERP 系统、主生产计划和需求计划。生产计划与排程仅利用这些模块中可用数据的一个子集，因此，在建立一个给定生产单元的模型时，必须指明它实际需要哪些数据。

（3）生成一组假定（生产状况）。

除了从 ERP 系统、主生产计划和需求计划这些数据源中接收的数据之外，车间或生产单位的决策者或许对车间当前或未来的状况会有更进一步的期望，这些信息在其他地方（如软件模块中）是不能得到的。再者，对车间的可用能力或许也可以有多种选择（如柔性的倒班安排等）。因此，决策人员必须有能力修改数据和建立某种生产状况。

(4) 生成一个(初始)排程计划。

在有了模型和数据之后,就可以针对给定的生产状况,利用线性规划、启发式算法和基因算法等各种复杂的优化方法来生成排程计划。这项工作可以一步完成,也可以通过两级计划层次(先综合的生产计划,后详细的排程计划)完成。

(5) 排程计划分析和交互修改。

如果通过两级计划层次完成,也即先生成综合资源的上层生产计划,那么,在生成一个详细的排程计划之前,人们或许首先要对这个生产计划进行分析。特别地,如果生产计划不可行,决策人员可以交互地指定一些计划途径来平衡生产能力(如增加班时或指定不同的加工路径)。这或许要比修改在单个资源上的加工工序(下层排程计划)更加容易。

APS采用了例外管理(Management By Exception)的技术,如果出现问题和不可行性(如超过订单交货期或资源过载),APS就会发出警告。这些警告首先被"过滤",然后,正确的警告被传递到供应链中正确的组织单位。

此外,针对一种生产状况产生的排程方案还可以通过结合决策者的经验和知识交互地改进。当然,为了提供真正的决策支持,必要的修改次数应当受到限制。

(6) 生产状况核准。

当决策人员确定已经评估了所有可选方案时,将选择那个体现最佳生产状况的排程计划去执行。

(7) 执行和更新排程计划。

决策人员选定的排程计划将被传递给MRP模块(分解计划)、ERP系统(执行计划)和运输计划模块(在顾客订单完成时安排装运车辆)。

MRP模块把在瓶颈资源上计划的所有活动分解成在非瓶颈资源上生产的那些物料或由供应商交付的物料;此外,对某些加工订单所必需的物料也将被预订。排程计划将持续执行到某个事件信号发生时才进行更新,也即直到修改一个排程计划看来是可取的。这个事件可以是一个新订单的到来、机器故障或冻结的计划部分已执行完毕。

改变车间生产模型的情况不太经常。如果结构保持不变,只是数量上受到影响(例如一个机床组中的机床数或某些已知产品的新变种),那么,通过下载ERP系统中的数据,APS能自动更新模型。但当变化很大时(例如具有某些新特征的新生产阶段的引入),那么,就得由专家对模型进行手动调整。

知识巩固与技能训练

一、名词解释

1. 工业大数据　2. 智能装备　3. 智慧工厂　4. 生产计划与排程

二、单选题

1. 在智能制造领域,"互联网+"的基础是(　　)。

A. 服务业　　B. 金融业　　C. 制造业　　D. 农业

2. 工业大数据的连接关系集中在产品、(　　)和数据3个方面。

A. 顾客　　B. 云计算　　C. 厂商　　D. 银行

3. 在政策东风的吹拂下，我国正在形成4大产业集聚区，产业集群将进一步提升各地智能制造的发展水平。下面(　　)不是4大产业集聚区。

A. 珠三角　　B. 长三角　　C. 环渤海　　D. 东南部

4. “智慧工厂”的发展是智能工业发展的新方向。特征体现在制造生产上，下列描述错误的是(　　)。

A. 系统具有自主能力　　B. 局部可视技术的实践

C. 自我学习及维护能力　　D. 人机共存的系统

5. 关于生产计划排程注意的原则，下面说法有偏差的是(　　)。

A. 交货期不存在先后原则　　B. 客户分类原则

C. 产能平衡原则　　D. 工艺流程原则

三、思考题

1. 具体描述智能装备市场发展现状。
2. 具体描述智能装备的发展方向。
3. 具体描述实现智慧工厂所需要的技术。
4. 具体描述排程计划生成具体有哪几个步骤。
5. 结合查阅的相关文献资料，分析产品创新的动力。

第9章 政务大数据

导读案例

“一网通办”平台服务

“一网通办”的概念是指依托一体化在线政务服务平台，通过规范网上办事标准、优化网上办事流程、搭建统一的互联网政务服务总门户、整合政府服务数据资源、完善配套制度等措施，推行政务服务事项网上办理，推动企业和群众办事线上只登录一次即可全网通办。“一网通办”以信息化建设为载体，是进一步提升“互联网＋政务服务”实效的重要举措。二者将相辅相成，互为助力。“一网通办”示意如图9-1所示。

图9-1 “一网通办”示意

大数据作用于政府的治理，对服务型政府的转变、构建网格化管理和精细化服务体系、多方协作的社会治理新模式打造有重大的意义，同时还能降低公共服务的成本。一方面，政府运用大数据进行数据分析来制定各行业政策和调控措施，提升政府的宏观调控水平；通过大数据平台进行市场监管，提升公共服务质量，处理社会矛盾，进行环境监督和治理等。另一方面，政府跨部门数据资源共享共用格局的打造、数据平台的开放，实现海量政府数据的共享，为大众创业、万众创新提供数据基础，开启创新驱动新格局。

9.1 政务大数据概述

9.1.1 什么是政务大数据

政务大数据是在大数据技术应用和发展的基础上，与政务工作结合而形成的概念体系。政务大数据就是政府在运转中所产生的数据，这些数据收集起来就是大数据，这也是基础数据。在基础数据上按照一定的逻辑运算、分析处理，二次形成的数据叫成果数据。根据成果数据制定有助于政府运转管理的政策等，体现出大数据的作用，也可以理解为大数据支持政府决策。

因此，可以定义：政务大数据是指政府所拥有和管理的数据，具体包含（不限于）自然信息、辖区建设、辖区健康管理统计监察和服务与民生的消费类数据。从广义来看，政务大数据还是由政府工作开展而产生、采集的以及因管理服务需求而采集的外部大数据，为政府自有和面向政府的大数据。

随着政务大数据信息的不断开放及规范，政务大数据会在包括城市规划、交通管理、环境保护等多领域被应用。政务大数据的应用场景主要包括智能办公、智能服务、智能决策及智能监管等政府日常活动，其应用对于推动政务工作的科学化和价值提升具有重要作用，是新型智慧城市建设和运行的基础。来自中国联通提供的政府大数据平台如图 9-2 所示。

9.1.2 政务大数据的作用

那么政务大数据有什么作用和价值呢？

政务大数据的作用，用一句话概括，就是帮助政府治理、决策更加科学化、精准化。

其实，政务大数据涉及政府的管理与服务等众多分支机构的职能，数据量大，信息复杂。政务大数据的深度挖掘能够在以下方面起到极大的推动作用（不限于以下项，不同地区政府可以根据地区特定情况，以及政府运转的业务情况设置）。

(1) 促进公共服务能力与水平的全面提升。

根据大数据，依托计算机和互联网，通过对大数据一定逻辑分析处理，深度挖掘实现智慧型服务。例如，智慧交通、智慧医疗、智慧城市以及城市的智慧大脑，甚至智慧地球，都是一脉相承的。

(2) 为辖区规划提供强大的决策支持。

通过对辖区地理、气象等自然信息和经济、社会、文化、人口等人文社会信息的挖掘，可以为辖区规划提供强大的决策支持，强化辖区管理服务的科学性和前瞻性。

在新城的规划方面，通过对地理、人口等信息数据的分析，可以清晰地认知城市未来的

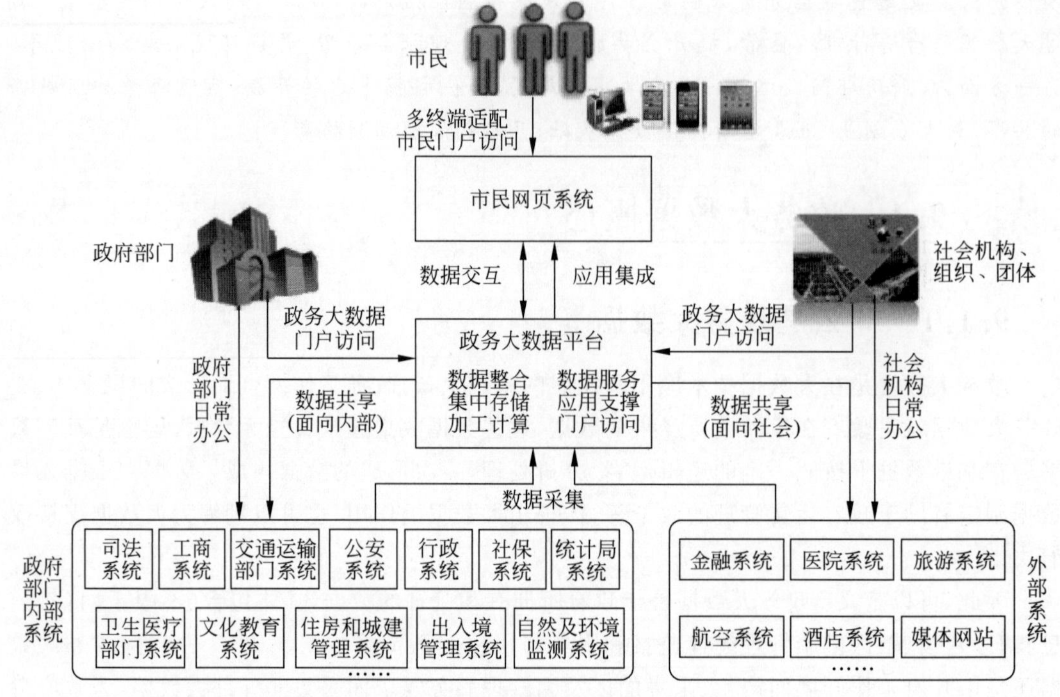

图 9-2 来自中国联通提供的政府大数据平台

人口数量和增长趋势。根据辖区的发展策略和经济特点,市政部门可以在不同的地理位置设定功能区域规划,包括工业园区、物流园区、中央商务区、居住卫星城、医院、公安局(派出所)、大学城、文化场所、运动设施、图书馆等城市配套服务设施。

在老城区的规划方面,通过分析经济快速发展和功能定位的差异、人口数量和结构性的变化,市政部门同样可以制定城市调整和优化的解决方案,比如老工业区的拆移、外迁和升级改造计划,老的商业区、居住区、城中村的改造和功能再定位等。

(3) 为城市交通的良性运转提供科学的决策依据。

在交通管理方面,通过对道路交通信息的实时挖掘,能有效缓解交通拥堵,并快速响应突发状况,为城市交通的良性运转提供科学的决策依据。

通过整合道路交通、公共交通、对外交通的大数据,汇聚气象、环境、人口、土地等行业数据构建交通大数据平台,提供道路交通状况判别及预测,辅助交通决策管理,支撑智慧出行服务,加快交通大数据服务模式创新,实现智慧的交通拥堵提醒和疏散管理、智慧的公交到站监测、智慧的交通事故的应急调度、智慧的民众的交通信息查询、智慧的个人私家车管理等。

(4) 提高应急处理能力和安全防范能力。

在公共安全领域,通过大数据的挖掘,可以及时发现人为或自然灾害、恐怖事件,提高应急处理能力和安全防范能力。针对公共安全领域治安防控、反恐维稳、情报研判、案情侦破等实战需求,建设基于大数据的公共安全管理和应用平台。

汇聚融合涉及公共安全的人口、警情、网吧、宾馆、火车、民航、视频、人脸、指纹等海量业务数据,建设公共安全领域的大数据资源库,全面提升公共安全突发事件监测预警、快速响应和高效打击犯罪等能力。

(5) 推动智慧农业的建设进程。

为了不断推进农业经济的优化,实现可持续的产业发展和区域产业结构优化,进一步推动智慧农业的建设进程,大数据将推动传统的农业生产方式向数据驱动的智慧化生产方式转变。通过农业相关信息数据的汇聚和大数据分析处理技术的运用,能够全面、及时地掌握农业的发展动态和未来趋势。例如,通过对近年来各地的降雨量、气温、土壤状况和历年农作物产量的综合分析,可以预测农产品的生产趋势,指导政府进行激励措施、作物存储和农业服务政策的制定。

(6) 为环境保护提供科学依据。

通过水质、气候、土壤、植被等环境信息的汇聚,并结合大数据分析与挖掘技术,实现环境信息的实时动态监测和分析,为环保工作者提供环境规划、决策的科学依据。

(7) 推动医疗大数据平台的构建。

通过整合医疗、药品、气象和社交网络等相关医疗信息数据,构建医疗大数据平台,形成智能临床诊断模式和自主就医模式的创新,为市民、医生、政府合理优化医疗资源配置。同时提供流行病跟踪与分析、临床诊疗精细决策、疫情监测及处置、疾病就医导航、健康自我检查等服务。

大数据搜索可辅助国家及早发现疫情和多发性疾病;可协助医院和医疗研究机构更好地跟踪分析医疗效果,提升药品研发能力;可协助医院进行科学的就诊预测和管理;可协助民众进行基于医院医生的大数据的选择;根据个体医疗档案进行大数据的长期的健康分析。

(8) 有助于构建食品安全大数据平台。

通过汇聚政府各部门的食品安全监管数据、食品检验监测数据、食品生产经营企业索证索票数据、食品安全投诉举报数据等相关食品安全数据,构建食品安全大数据平台,辅助政府及相关部门进行食品安全预警和食品溯源,帮助政府进行食品安全管理,同时为企业、第三方机构、公众提供基于大数据的食品安全服务。

(9) 有助于构建教育大数据服务平台,提高教育资源的共享和利用率。

针对全民学习、终身教育的需求,建设教育大数据服务平台。积累数字教育资源,收集教育服务平台学习者行为数据和学习爱好数据,能够为千万级学习者提供个性化的终身在线学习服务,提高教育资源的共享和利用率,实现因材施教,优化教学过程,提高教学质量,为教育政策调整提供决策支持。同时,基于大数据支撑的优质教育资源开发、积累、融合、共享的服务机制,为全体学习者提供个性化选择与推送相结合的终身学习在线服务模式。

(10) 助力企业科学决策和产品质量管控,提高企业竞争力。

随着市场竞争的日益激烈,基于大数据的及时、正确、科学决策将成为企业生存与发展的关键因素。通过对企业生产、销售、能耗、成本、财务等各个环节的数据进行综合分析与模型预测,能够帮助企业实时掌握能耗情况、设备运行状况等关键信息,助力企业的科学决策和产品质量管控,降低成本,提高企业竞争力。

(11) 为电力建设提供决策依据。

针对智能电网建设、维护和管理的需求,收集发电厂实时运行数据,建立发电厂数字仿真模型，为提高生产安全性、提高发电效率(降低单位电能煤耗、厂用电指标)提供决策依据。通过实时收集电网电力资产状态数据，实现电力资产在线状态检测、电网运行在线监控、主动安全预警及调度维保，保障电网可靠高效运行；通过快速收集和分析用电数据，为需求响应、负荷预测、调度优化、投资决策提供支持。

9.2 基于大数据的网络舆情分析

据 CNNIC 统计报告，截至 2020 年 12 月，我国网民规模达 9.89 亿，手机网民规模达 9.86 亿，互联网已成为人们生活、工作、学习、娱乐等不可分割的重要组成部分，已经成为各种话题、言论、信息传播的国际舞台，人民群众反映社会舆情的重要渠道，人民群众监督党政机关施政方略成效的考核平台。网络舆情在一定程度上反映着现实生活中人民的意愿和诉求，如何利用互联网上海量的数据为政府、企业或社会机构提供决策支持成为互联网舆情研究的重要问题。

9.2.1 什么是网络舆情

国内有很多学者对网络舆情的概念和内涵进行研究，如军犬舆情创始人彭作文把网络舆情定义为：网络舆情是以网络为载体，以事件为核心，广大网民情感、态度、意见、观点的表达、传播与互动以及后续影响力的集合。网络舆情是指在一定的社会空间内，通过网络围绕中介性社会事件的发生、发展和变化，民众对公共问题和社会管理者产生和持有的社会政治态度、信念和价值观。它是较多民众关于社会中各种现象、问题所表达的信念、态度、意见和情绪等表现的总和。网络舆情形成迅速，对社会影响巨大。随着因特网在全球范围内的飞速发展，网络媒体已被公认为是继报纸、广播、电视之后的“第四媒体”，网络成为反映社会舆情的主要载体之一。网络舆情的主要载体如图 9-3 所示。

图 9-3 网络舆情的主要载体

网络舆情具有自由、情绪化、分散、突发、多变等特点，在一些社会热点问题上容易引发较为广泛的社会影响，尤其是负面的影响。

9.2.2 网络舆情的大数据特征

网络舆情大数据是大数据的一种，因此它有着大数据的基本特性：数据体量大、数据多样性、数据处理速度快、数据价值密度低。网络舆情大数据是互联网的开放性为网民在网上自由地表达自己的观点从而导致数据量急剧增大的产物。另外,多媒体的发展使网络舆情大数据出现非结构化的数据类型。随着社会的发展,人们的思想逐渐变得开放,观念也变得多元化,针对某一问题民众会有很多的观点和看法,这使得网络舆情呈现出大数据的形态。

大数据的发展为网络舆情研究提供了新的契机,在数据层面,大数据完整记录了网民的情绪、言论、行为,全面反映了公众的情感诉求、意见表达和行为倾向;在技术层面,运用大数据方法可以揭示网络舆情生成、发展、演变的规律特征,使网络舆情研究更加科学、准确、有效。

9.2.3 网络舆情分析方法

在大数据时代下,信息越来越容易获得,大数据时代下的网络舆情也面临各种风险和挑战,主要表现如下。

(1) 在网络舆情信息统计中,大数据技术的优势在于数据来源范围广,但并不能保证大数据的绝对可靠,因为数据良莠不齐,不能保证百分百的有效性,另外非理性因素的存在也削减了大数据的可靠性,这样的直接后果是一些调研不全面、不合理的舆情分析报告可能会误导舆论,造成社会思想的恐慌。因此,对于大数据人们应该保持理智,对衍生于大数据的分析结构持批判思维,以避免无关紧要的决策的出现。

(2) 数据膨胀是大数据时代的显著特点。在大量的数据中,能够利用的仅有一小部分。另外一部分数据是他人利用互联网获得关于个人或群体的信息,为了牟取私利、攫取非法经济利益、制造和传播恶意信息等,同时他们运用的手段也不易被追踪和防范。更有甚者,一有热点事件发生,有些人就不分青红皂白,进行"人肉搜索",让别人的隐私完全暴露在大众面前,严重损害了他人的利益。因此,网络舆情研究在运用大数据的同时必须坚决对抗泄露隐私的非法行径。只有当公民个人的信息安全得到保证,非法分子受到惩处,社会才能正常运行,言论自由才能被落实,人民群众的合法权益才能切实受到保护。

自 2013 年以来,大数据在我国网络舆情研究中的应用问题备受重视,研究者从不同角度切入进行了阐释论证,强调大数据将成为网络舆情研究的关键技术支撑,认为采用大数据将有助于全面获取网络舆情数据、科学认识网络舆情演变规律、准确预测网络舆情发展趋势、及时化解网络舆情危机等。下面介绍几种网络舆情分析方法。

(1) 基于 Web 日志挖掘的趋势分析。

Web 日志挖掘分析分为浏览日志分析和搜索日志分析。

浏览日志分析:首先对浏览日志数据中的已被浏览的网页进行采集,之后随机抽取一部分作为样本集,然后对样本集进行聚类,然后得到多个热度较高的网页簇,从中选取关注的单个网页簇进行特征词的抽取,之后对所有的网页使用抽取后的网页特征向量进行二次聚类,从而得到纯净的网络舆情网页集,然后就可以得到网络舆情的演变过程。

搜索日志分析:搜索日志中记录了网民搜索的关键词、搜索时间、进人的网页链接、IP 地址等信息。人们可以根据网民搜索的关键字内容的统计分析,得出民众最关心的话题和热点是什么;根据网民搜索之后列出的搜索结果找出引发舆论的源头是什么;在某个时间段内分析和统计网民搜索关键词,可以发现网民关注点的产生和变化过程。

(2) 分类分析。

网络舆情级别的划分多使用基于主题的文本分类分析方法,而舆情分类的研究多使用决策树和神经网络模型来完成。例如,研究者运用神经网络 SOM 模型分类方法对某些品牌丑闻事件微博数量的变化进行聚类,得出品牌丑闻事件微博数量变化的类型有堤坝型、长坡型、突变型、缓坡型和对数型。一些研究者提出了一种基于主题特征和 SVM 的细粒度文本分类方法,并使用这种方法建立了针对单页面舆情的判决模型,为舆情的决策提供了重要的参考标准。

(3) 社会网络分析。

国内外研究者针对各大社交网站进行了社会网络分析。例如,有些研究者对 Flickr 社会网络和图片的传播进行了分析,发现信息的传播主要受到图片所要表达的内容、节点性质和时间等的影响。某些研究者使用关系图模型以实验的方式对社交网络的结构和用户数据进行分析,最后提出了适用于社交网络的可视化分析方案,并以 Twitter 用户数据列举了例子。

(4) 关联规则分析。

目前,应用关联规则对网络舆情事件进行分析的实践研究还处于滞后的状态。有些研究者发现网络热点事件舆情关联是由网民的记忆、媒体的协同过滤与议程设置以及信息的"眼球经济"效应等多种原因造成的。舆情关联的作用会推动媒体和网民对事件的认知,对政府的治理有促进作用,但是同时也可能造成网民反向认知、私人生活的社会化,进而导致政治冷漠等问题的产生。

(5) 倾向性分析。

网络舆情的倾向性分析主要包括基于语意和机器学习的网络舆情形象性分析。目前已有研究者在倾向性分析的方法和技术方面有了理论方法研究,并且做出了实例验证。

9.2.4 大数据在网络舆情中的管控方法

在现今的网络媒体时代,信息的发布方呈现多元的特点,政府部门已经不是唯一的信息公布者。相对于传统的纸质媒体、电视广播媒体而言,网络媒体相对而言大大削弱了政府的控制力。正因为如此,网络媒体给了政府更全面、更准确了解社会舆情的渠道。

大数据时代网络舆情的管控方法需要做到以下 3 点。

(1) 结合大数据技术将政府的公信力提高。

在当前这个大数据时代,互联网技术的高速发展,使得网络上各种舆论被推出来,控制起来非常困难。虽然大数据网络舆情处理在进行社会基础治理的过程中对于网络公共区域的发展起到了一定的积极作用,但是同样也引起了网络舆情的不平衡现象。

(2) 合理地对大数据的舆论引导能力进行利用。

要对大量数据进行分析找到网友的特征,对其所发表的言论进行分析,然后再加入权力机制,将舆论向着具有代表性的方向进行引导。

(3) 对现有的网络舆情治理的法律法规进行完善。

对于一些之前数据量少时未能涉及的网络舆情法律法规要进一步完善,使得网络平台的管理更加严格,保证平台可以正常运行。

9.3　基于政务大数据的精细化管理和服务

在当今的大数据时代下,精细化管理的理念也越来越普遍地运用到各个领域,通过大数据分析,进行深度挖掘、发展趋势分析,积极探索各个领域的精细化管理,以大数据提升科学决策水平、提高管理效率、降低管理成本,以及运用大数据促成政府服务的精细化、人性化。

当下,大数据所带来的信息风暴,大数据时代的思维变革、商业变革和管理变革,正在急剧地改变着人们的工作方式和生活方式。大数据兴起于20世纪80年代,它从传统抽样的方式转变为对海量数据进行处理的方式,有些国家就将大数据的发展提升到国家战略层面。

前面章节已经讲过,大数据具有4大特征,即数据的海量性和完整性、数据的多样性和内在关联性、数据的实时性以及数据的高价值性。这4大特征正好与精细化管理的"精、准、细、严"理念相一致,也与精细化管理强调的"注重细节、立足专业、科学量化"的原则相契合。

9.3.1　以大数据提升政府的科学决策水平

科学决策水平的提高是各个管理领域需要提升的,而决策的科学化来源于决策信息的全面性、准确性和及时性。传统决策的制定受到信息技术的影响,决策者常常因为没有足够的数据支持,使得只能凭借以往的经验或者经验模仿的方式来做出决策,再者就是以样本信息来推测全部信息,制定出来的决策往往也都是简单的、无差别的。

在当今大数据时代,大数据能够更为有效地集成政治、经济、文化、社会、生态等领域的信息资源和数据库,为决策者决策提供重要的数据基础和决策支撑。大数据分析最大的魅力在于"通过交叉复现,直抵事实的真相"。比如,粮食产量的信息统计问题,运用遥感卫星的数据,中央政府便可得知各地的耕地数量,再通过适当的算法和模型,配合以往的气候、土壤、产量等信息,便可知道各地方准确的粮食产量,利于决策者跨区域的农业政策统筹和规划。

大数据可以根据大量的数据,做到预测未来的态势,达到实现决策的目的。大数据通过把数学算法运用到海量的数据上来发现以往难以察觉的事物运行规律,并据此预测可能发生的事情,甚至可以可视化地展现出事物运行未来的"真实"场景。目前,很多地图服务商都依托大数据为用户提供地图查询和出行导航等相关服务。而这些数据一旦与相应的历史数据相组合和叠加,便能模拟预测出城市未来的运行动向,为城市管理者提供可靠的决策依据。比如,在重大文体活动或节假日集会活动中,容易出现因人群过度拥挤而引发的危险乃至事故。为避免这种情况的发生,城市管理者可以在对有关定位数据、搜索数据进行深度挖掘的基础上,参考相关历史数据,预测出人流量及其空间分布,再结合地理空间实景模拟,找出可能发生的风险事件,从而为预防事故发生、强化应急管理提供强有力的决策支撑。

9.3.2 以大数据提升政府管理效率和降低管理成本

大数据所具有的智能化、高效化、实时性处理海量数据的能力为政府精细化管理提供了重要帮助，如人们经常提到的经典案例——谷歌对甲型 H1N1 流感的精准预测。2009 年甲型 H1N1 流感暴发的前几周，谷歌的工程师们在《自然》杂志上发表了一篇万众瞩目的论文，文中将搜索记录和流感预测看似两个毫不相干的事情联系了起来，并对流感在全美范围的传播进行了预测，而且具体到了特定的地区和州。这些令公共卫生官员们和计算机科学家们都感到震惊，因为谷歌模型的预测结果被证实与官方数据的相关性高达 97%。和疾控中心一样，谷歌也能判断出疾病是从哪里传播出来的，而且更加及时、准确，并比官方早了几个星期。所以，2009 年甲型 H1N1 流感暴发时，与习惯性滞后的官方数据相比，谷歌成为一个更有效、更及时的指示标。

大数据之所以受追捧，除了它能提高企业和政府的工作效率之外，重要的还有其能有效降低精细化管理成本的作用。一方面，大数据技术的采用，将极大激活原先利用率偏低的大量的社会日常运行数据，特别是其能更有效地存储、分类和加工各种非结构化和半结构化的数据，节省了管理所需信息的采集成本。另一方面，这些数据的运用又极大改变了政府传统的治理方式和治理工具，同时降低了管理的成本。

国外早就对于大数据在政府精细化管理运用上的成本收益做过一些测算。知名咨询公司麦肯锡的研究报告就证实，政府部门通过大数据的应用可以大幅度提升生产力和工作效能，并有效降低管理成本。欧盟政府部门可能减少 15%～20%的行政开支，在未来 10 年每年创造 1500 亿欧元到 3000 亿欧元的新价值，大数据还可以在未来 10 年中将年度增长率提高 0.5%。就具体领域而言，美国医疗管理部门的测算表明，每年由于大数据的有效利用其获得的潜在价值超过 3000 亿美元，而节省的医疗卫生开支超过 8%。

9.3.3 利用政务大数据实现服务精准化

公共服务是 21 世纪公共行政和政府改革的核心理念。随着公众个性化服务需求的日益增长，政府服务的精细化、人性化要求也被摆上了台面。而大数据具有的全面、精准、定量的分析功能，无疑对因地、因时、因人制宜的公共服务提供了强大的技术支持。比如，上海浦东区提出的"潮汐式"停车管理办法，就是通过相应的大数据分析确立了企业区和居民区停车高峰错位的时间以及相应的收费标准，比较顺利地兼顾了各方利益，有效解决了大都市中的停车难问题。

大数据时代的社会结构是广泛参与、网络互动、扁平化运行的。数据的产生、加工和结果运用都是政府、企业、社会组织、个体公众等共同参与的结果，这意味着大数据成为了一根纽带，将全社会资源的需求、生产、分配和供给联系了起来。因此，大数据时代的养老服务一定是多主体参与，互通互联，根据个体信息提供精细化、人性化养老服务网络；而大数据时代的社区管理，一定有一个网格化的协调平台，能够对各社区进行广泛的差异化分析，提供社区文化、社区安全、社区环境质量、社区居民心态、社区网络消费、社区物流配送等诸多方面的精准服务。

政务数据精细化管理能够积极提升公众获得感。政务数据精细化管理的首要目的就是通过网上办事平台，为公众提供服务，满足其日益多元化的需求。这就要求让数据多跑腿、百姓少跑腿。政务数据精细化管理能够有效提升政府自身管理效率。随着“互联网 + 政务服务”的全面覆盖，政府内部流程再造大力推进，政府管理上的创新有助于加快适应深化政府行政体制改革。实际上，近年来各地政府都在通过各种方式将分散于各级政府和部门的信息数据进行整合共享。

大数据给政府的精细化管理提供了有效的技术支持，同时，它的运用也必将对政府的流程再造乃至管理体制的变革起到积极的推动作用。因此，从这个意义上说，推动国家大数据分析的建设，建立跨部门、跨领域、跨界别的数据联通与开放标准体系，推进大数据整体实施方案的完善，保护数据安全和个人隐私，对于国家治理体系的完善和国家治理能力的提升有着极为重要的意义。

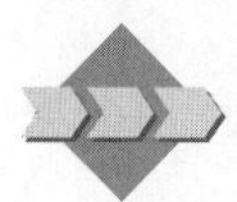

9.4 大数据下的应急预案处理

随着数据挖掘、大数据分析等技术手段日益成熟，政务管理领域也越来越多地运用大数据分析成果，将大数据技术与思想有效地运用在应急预案管理体系的变革发展中，来提升我国应急预案管理能力。

9.4.1 大数据时代我国应急预案管理面临的改革机遇

随着大数据时代的来临，有关政府决策数据在使用频率、应用效果、覆盖广度以及赋能深度等方面都有了初步的应用，为智慧政府决策发展带来了很好的机遇。但是突发事件应对难度也随之加大，我国现实施的应急预案管理中还存在一些问题，具体如下。

(1) 大数据决策意识薄弱。

在大数据时代，政府每天需要接收的数据量巨大，令人难以想象。但由于政府决策人员在数据决策意识方面存在一定的掣肘，大多数有关政府决策的数据都处在一种“待机”的状态，真正用于提高政府决策效率、改变政府决策流程、变革政府决策方式的数据应用寥寥无几。

(2) 条块分割的管理体制加重数据碎片化。

传统条块分割的管理体制对大数据时代政府决策模式产生了巨大的影响，在进行数据共享平台的建设过程中，各个政府决策部门需要信息共享与交换。过去政府各部门也进行信息化建设，但大多数部门都是为了信息化而信息化，对政府决策数据的具体应用则考虑不多，从而产生了虽然数据库建立起来了，但不了解自己所在单位数据的具体情况以及不知如何应用。各个政府决策部门存在缺乏数据交流与共享的一种“信息孤岛”局面，这极大地浪费了政府数据本身的价值，加剧了政府决策数据“碎片化”的发展趋势。要想实现政府决策模式数据化、科学化的发展，必须要打破数据割据的壁垒，从而实现数据共享与畅通。

(3) 具有政策知识背景的大数据技术人才有限。

大数据背景下，政府决策数据具有规模巨大、结构繁杂、数据采集难度大等方面的特性，普通人很难在短时间内实现对数据的分析与处理，必须要有数据专家、数据分析师对其进行深度的评估与分析。目前，大数据对于我国政府决策的最大挑战就是大数据人才的匮乏，各级政府发展与运用大数据进行决策必须要有非常坚实的人才与技术基础。

9.4.2 大数据时代提升政府应急预案管理能力

大数据技术的应用,为政府提升应急预案管理工作提供了新的方法,创新了政府决策模式。具体而言,大数据应用可以从以下 6 个方面提升政府的应急预案管理能力。

(1) 加强政府信息化办公与信息共享机制建设,打破"信息孤岛"。

政府信息化办公以及信息与信息共享机制建设包括不同的子系统,不同地方政府和不同部门之间的信息共享机制也存在一定的差异,这里就需要统一相关信息共享机制建设的大致路径。

首先,从数据收集环节开始,政府应出台明确、具体的规定,建立统一的数据接口并确保数据来源的真实、全面、可靠。

其次,从数据的存储环节来看,政府应建立统一的云平台等存储方式,合理地运用数据仓库等数据管理方式来优化数据的存储。

再次,在数据的查验阶段,政府应合理地运用数据清洗工具,注意保存必要的感性数据,保证数据的"活力"。

最后,在数据的分析与应用阶段,政府应做好数据的脱敏与使用权限的管理工作,推动重点数据的运行与流转,并积极促进流动数据的自我优化。

(2) 政府应成立特定的机构,领导并推进大数据的建设与使用。

政府原有的体制机构已经无法满足大数据时代的要求,因此,政府应成立特定的机构并完善大数据信息建设,有效运用大数据技术收集、存储、整理、挖掘与处理相关的政策信息,从而为政府决策提供实时的、准确的、全面的大数据分析结果。与此同时,在机构中必须配备一定的大数据专业人员与设备维护人员,从而更好地维护大数据的运行与使用并让机构的领导者进入政府决策的核心环节,充分发挥其在政府决策中的价值。

(3) 结合数据应用的实际场景,强化数据运营。

在推进政府决策数据管理体制建设的过程中,还面临着这样一个问题:有关政府决策的数据已经存在了,但缺乏数据运营的实际运营场景,这无疑会降低政府决策数据的一致性与相关性。因此,政府应加强各地负责数据管理的职能工作,结合政府不同业务部门的数据运营的具体场景特点,建立相关人员、时间、空间等数据化的关联,从而强化数据的关联性与可用性。

(4) 提升突发事件监测预警能力。

首先,运用大数据有助于提早预测危机、精准打击犯罪。其次,运用大数据共享能够改善民众的信息不对称,让民众加入到安全环境建构中。最后,大数据开发和运用还有助于完善危机救灾系统,来自微博、微信等互联网渠道以及基于电子眼、卫星的数据系统提供的寻人信息和危机数据将为救灾工作的开展提供多渠道的决策支持。

(5) 优化应急管理资源配置。

大数据运用能够使得应急资源的规划和运用愈加精准、高效。大数据技术的应用,特别是移动互联网技术和物联网技术的结合,可以把各种复杂的信息,例如财物的损失、物资的调度、救援设备的分布等都转化为可共享可分析的数据。针对灾害的具体情况,对这些数据的分析结果进行合理运用,优化配置形式,从而达到在紧急状态下应急物资和人员的科学调度,节约应急处理成本,有效地提高救援效率。

(6) 加强具有政策知识背景的大数据技术人才的培养。

对于政府决策而言，大数据人才的培养远跟不上政府大数据发展的进程，政府决策所需的大数据人才不仅仅局限于具有大数据算法开发与利用的IT人才或统计人才，还包括具有政策知识背景的大数据技术人才。因此，要加强具有政策知识背景的大数据技术人才的培养。第一，加强政府决策内部人才的培养。政府决策部门应重视加强自身大数据人才的培训，鼓励政府决策内部人员积极地参与到大数据培训中去，将大数据技术的发展渗透进政府决策内部人才的培养中去。第二，建设公共政策大数据学科。大数据本身的价值密度不高，为了有效地开发大数据中所蕴含的价值，必须要以大数据学科建设，尤其是具以公共政策大数据学科建设为中心。第三，优化相关领域的大数据人才的培养体系。当前，我国相关大数据人才的培养体系并不健全，主要表现为没有明确的培训方案、培训内容相对简单、缺乏培训考核机制，所以，应在加强有关政府决策大数据人才培养体系建设过程中不断满足政府对于大数据决策人才的需求。

知识巩固与技能训练

一、名词解释

1. 网络舆情　2. 政务大数据　3. 一网通办

二、单选题

1. 随着数据科学家的崛起，(　　)的地位将发生动摇。

A. 国家领导人　　B. 大型企业

C. 行业专家和技术专家　　D. 职业经理人

2. 下列关于大数据对政府政策制定的影响的说法中，错误的是(　　)。

A. 大数据有助于避免传统决策方式的随意性和主观性

B. 大数据有效改变了政府的决策方式

C. 大数据可以完美解决一切政府政策制定的难题

D. 为数据拓展了政府决策的信息边界条件

3. 下列说法正确的是(　　)。

A. 有价值的数据是附属于企业经营核心业务的一部分数据

B. 挖掘数据的主要价值后就没有必要再进行分析了

C. 所有数据都是有价值的

D. 在大数据时代，收集、存储和分析数据非常简单

4. 下列关于大数据的分析理念的说法中，错误的是(　　)。

A. 在数据基础上倾向于全体数据而不是抽样数据

B. 在分析方法上更注重相关分析而不是因果分析

C. 在分析效果上更追求效率而不是绝对精确

D. 在数据规模上强调相对数据而不是绝对数据

5. 支撑大数据业务的基础是(　　)。

A. 数据科学　　B. 数据应用　　C. 数据硬件　　D. 数据人才

6. 按照服务目的的不同，数据流通平台可分为政府数据开放平台和(　　)。

A. 国家数据开放平台　　B. 企业数据开放平台

C. 数据研发市场　　D. 数据交易市场

三、思考题

1. 具体描述政务大数据的主要作用。
2. 具体描述网络舆情的大数据特征。

安全大数据

某互联网金融企业的数据安全

某互联网金融企业融合“互联网＋金融＋汽车”，以互联网为主要渠道，为借款人与出借人实现直接借贷提供信息搜集、信息公布、资信评估、信息交互、借贷撮合等服务。车贷作为该企业的核心产品，其业务模式已经具备一套标准的流程，从自建工具实现贷款的线上操作管理到自建车辆评估和全球定位系统(Global Positioning System，GPS)管理，实现数据化分析管理。在深耕车贷细分市场的同时，开启信用贷款、汽车消费金融、供应链金融等多个领域的持续性深度探索，逐步搭建以数据为核心生产资料的产品体系，有效提升了行业竞争力。

该企业拥有几百万借款人和几十万投资人信息，近年来安全法律法规相继出台，监管日益趋严，满足监管及合规、保护个人隐私尤为重要，同时该企业虽然部署了很多信息系统安全设备和产品，但对于数据泄露仍然十分担心。主要体现如下。

第一，企业缺乏数据安全管理组织。运维团队兼职网络安全、主机安全、系统安全等工作；IT团队负责工作计算机终端管理、上网行为管理；人力资源部部分工作覆盖到人力资源安全；法务部负责合规工作，督导监察部负责各主管部门的制度落地执行、监督和违规处罚等工作；数据库管理员和各级主管承担了权限审批职责。安全团队职能分散，缺乏统一的管理和协同，没有整体负责数据安全的专职团队，数据安全工作缺乏组织持续跟进执行。

第二，企业数据安全制度流程缺失。企业内部相关制度中有部分数据安全相关内容，数据安全策略及规范、数据分类分级规范、数据对外披露流程细则等缺乏，没有权限申请的流程，数据安全缺乏制度保障。

第三，外部合规缺乏持续跟进。目前，企业内部缺乏专职人员跟进数据安全相关法律法规，合规风险极大。

数据安全已成为互联网金融行业的重要议题，信息安全关乎企业/用户的信息与资金安全。因此，在大数据时代，企业要建立完整的数据安全防护体系，在满足客户业务需求的同时，兼顾安全需求，致力于实现行业数据的安全、合法、可控。

再看一个数据安全的报道。2019 年 8 月，浙江绍兴越城警方侦破一起特大规模用户数据窃取案，该犯罪团伙通过与全国十余省市多家运营商签订营销广告系统服务合同，从运营商流量池中非法窃取用户信息 30 亿条。有网友表示，当自己的社交账号成了他人的牟利工具时，自己早已在网络世界里“裸奔”。用户信息安全示意图如图 10-1 所示。

图 10-1 用户信息安全示意图

10.1 依托大数据的网络信息安全

随着信息技术的飞速发展，人们迈进了大数据时代。在大数据时代，随着信息技术和人类生产生活的交汇融合，数据呈现爆发增长、海量集聚的特点，大数据已经成为推动经济发展、优化社会治理和政府管理、改善人民生活的创新引擎和关键要素。在大数据时代，数据的汇集加大了信息安全的风险，数据信息安全面临着更加严峻的挑战。

10.1.1 网络信息安全

1. 网络信息安全的概念

网络信息安全是一门涉及计算机科学、网络技术、通信技术、密码技术、信息安全技术、应用数学、数论、信息论等多种学科的综合性学科。

网络信息安全主要是指网络系统的硬件、软件及其系统中的数据受到保护，不受偶然的或者恶意的原因而遭到破坏、更改、泄露，系统连续、可靠、正常地运行，网络服务不中断。

网络信息安全的主要特征体现在以下 5 点。

(1) 完整性。

完整性指信息在传输、交换、存储和处理过程中保持非修改、非破坏和非丢失的特性，即保持信息原样性，使信息能正确生成、存储、传输，这是最基本的安全特征。

(2) 保密性。

保密性指信息按给定要求不泄漏给非授权的个人、实体或过程，或提供其利用的特性，即杜绝有用信息泄露给非授权个人或实体，强调有用信息只被授权对象使用的特征。

（3）可用性。

可用性指网络信息可被授权实体正确访问，并按要求能正常使用或在非正常情况下能恢复使用的特征，即在系统运行时能正确存取所需信息，当系统遭受攻击或破坏时能迅速恢复并能投入使用。可用性是衡量网络信息系统面向用户的一种安全性能。

（4）不可否认性。

不可否认性指通信双方在信息交互过程中，确信参与者本身，以及参与者所提供的信息的真实同一性，即所有参与者都不可能否认或抵赖本人的真实身份，以及提供信息的原样性和完成的操作与承诺。

（5）可控性。

可控性指对流通在网络系统中的信息传播及具体内容能够实现有效控制的特性，即网络系统中的任何信息要在一定传输范围和存放空间内可控。除了采用常规的传播站点和传播内容监控这种形式外，最典型的如密码的托管政策，当加密算法交由第三方管理时，必须严格按规定可控执行。

2. 大数据时代的网络信息安全因素

数据在遭受破坏或丢失方面主要包括两大因素，分别为不可抗的客观因素和人为主观因素。具体因素如下。

（1）自然灾害因素。

对信息安全有影响的因素不仅在于软件方面，大环境同样会对计算机信息安全造成巨大的威胁，如在运行计算机过程中自然灾害的影响。自然灾害要素对于信息的威胁实际上是非常突出的，只是一直没有得到人们的重视，比如地震、雨雪天气等。这类自然灾害会对网络信息传输造成非常严重的影响，甚至很有可能会导致网络信息陷入瘫痪、传输中断等问题。自然灾害的威胁性是计算机信息安全中比较容易实现避免与预测的。

（2）网络开放性因素。

众所周知，网络最大的特点就是开放性。在计算机技术与网络技术得以全面普及发展的今天，网络的开放性特征产生了非常多的数据，这些数据会吸引众多不法分子使用信息获取额外收入。因为网络开放性突出，并且当前计算机网络所用的保护协议本身效果不够突出，所以存在很多网络隐藏威胁与不安全要素。

（3）操作者人为不当因素。

在网络普及的过程中，出现了大量的计算机操作者。不同计算机操作人员有着不同的计算机使用习惯，不同的操作习惯导致信息容易遭到窃取与泄露。操作人员不熟悉、不恰当操作就会让个人信息、信息安全暴露在人们眼前。比如，一些操作者缺少安全意识，在公共场合使用计算机以后没有做好及时的信息清除，一些不法分子此时就会利用用户的登录账号与登录密码窃取信息。

（4）黑客攻击因素。

根据不同的操作可以将网络黑客攻击分为主动攻击和被动攻击。主动攻击是恶意攻击，是指黑客有着明确的目标、使用特殊的攻击手段破坏目标，对于网络计算机信息的有效性与完整性影响非常突出。对主动攻击应予以严格的管理与关注。对被动攻击而言，虽然黑客的操作会对网络带来各种影响，不过这种影响一般不会作用到计算机本身运行。两种攻击都会对计算机信息造成安全威胁，导致信息泄露。

(5) 病毒入侵因素。

计算机病毒一直以来对整个互联网都是一个巨大的威胁,计算机病毒本身的传染性、潜伏性、存储性、隐藏性会对信息安全造成很大的威胁和不良影响。病毒传播依靠各种文本或软件载体,通常来说硬盘、光盘等都是比较常见的病毒搭载道具。尤为突出的是各种静默包,它往往会捆绑许多数据资源,这些资源当中很有可能潜藏各种计算机病毒。计算机一旦遭到了病毒感染就会受到很多影响,出现非常严重的后果。目前已知对我国计算机网络影响比较突出的计算机病毒包括 CIH 病毒与熊猫烧香等。病毒的传播方式越来越广泛和多样化,而病毒对数据的损害程度也越来越大。

(6) 间谍软件因素。

使用计算机时会在间谍软件的作用下,导致信息泄露与被窃取,从而导致计算机无法保障人们的安全。间谍软件直接破坏计算机环境、网络环境,甚至给网络安全带来重大危害。

(7) 不可预测的新漏洞或风险因素。

随着科技的发展、技术的提升、软硬件的更新换代,越来越多的不可预测的新漏洞或风险出现。网络安全防护人员面对众多的系统用户和复杂的网络拓扑,并不能及时找到漏洞或发现攻击等,因此数据存在一定的安全风险。

10.1.2 大数据技术在网络信息安全中的应用

云计算和大数据的出现,为网络安全产品带来了深刻的变革。今天,基于云计算和大数据技术的云杀毒软件,已经广泛应用于企业信息安全保护。在云杀毒软件中,识别和查杀病毒不再仅依靠用户本地病毒库,而是依托庞大的网络服务,进行实时采集、分析和处理,使得整个互联网就是一个巨大的“杀毒软件”。

云杀毒通过网状的大量客户端对网络中软件行为的异常监测,获取互联网中木马、恶意程序的最新信息,传送到云端,利用先进的云计算基础设施和大数据技术进行自动分析和处理,能及时发现未知病毒代码、未知威胁、零日漏洞等恶意攻击,再把病毒和木马的解决方案分发到每一个客户端。下面列举几个具体的应用实例。

(1) 360 天眼新一代威胁感知系统。

2018 年 5 月 26 日,在贵阳举行的 2018 中国国际大数据产业博览会上发布了全球十大黑科技,360 天眼新一代威胁感知系统因大数据和人工智能技术在威胁检测中的成功应用而入选。在颁奖仪式上,360 企业安全正式发布了全面技术升级的 360 天眼新一代威胁感知系统最新版本 307。

360 天眼新一代威胁感知系统是“数据驱动安全”技术理念下的一套集成 360 安全能力的高级威胁检测、溯源、响应的完整解决方案。2015 年,推出不久的 360 天眼新一代威胁感知系统就因首个捕获针对我国的境外 APT 组织“海莲花”而知名。

世界经济论坛发布的《2018 年全球风险报告》称,网络攻击已经成为 2018 年全球仅次于自然灾害与极端天气事件之外的第三大风险因素。攻击者针对政企机构等高价值目标会结合多种攻击方式、多种恶意软件、零日漏洞、社会工程学等进行持续定向攻击,窃取核心数据、影响系统正常运行,造成无法估量的经济与声誉损失,对于这些攻击的检测和防护是当今政企机构面临的难题。

360 天眼新一代威胁感知系统可以为用户提供围绕高级威胁的检测、响应和溯源的完整解决方案。通过对用户本地流量进行深度分析，同时结合威胁情报、规则引擎、场景化分析、机器学习和沙箱检测，从多个维度来发现高级威胁事件；然后通过调查分析功能，从攻击链的视角重现整个攻击过程，并进行可视化展示，帮助用户了解并溯源完整事件。集成360安全能力的高级威胁检测、溯源、响应的完整解决方案如图10-2所示。

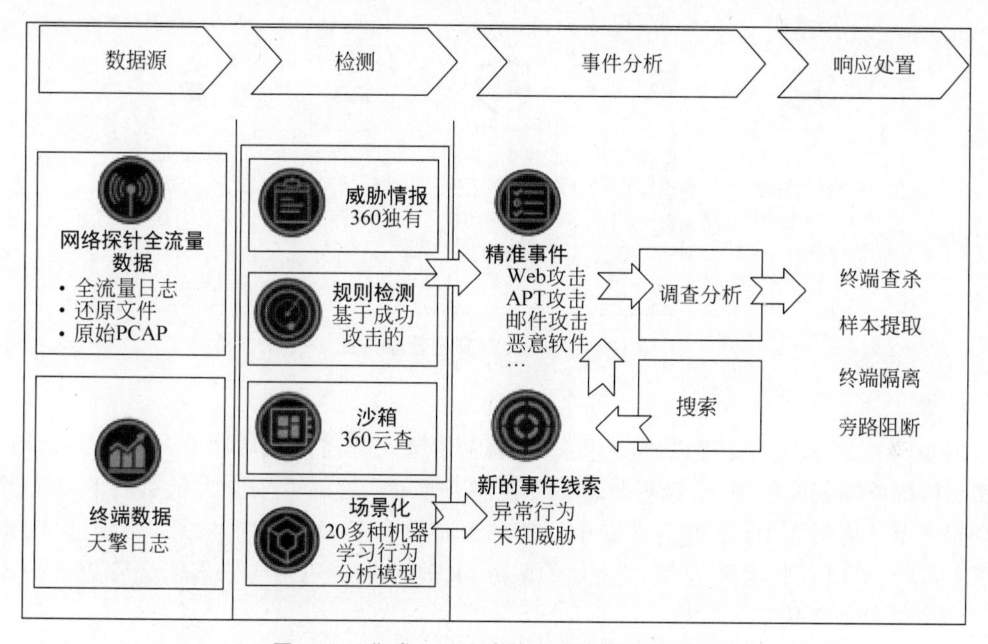

图10-2 集成360安全能力的完整解决方案

(2) 360政企终端安全产品。

2020年10月15日，“聚体系之力，护航大终端安全——360政企终端安全产品体系发布会”亮相ISC平台。由360终端安全管理系统、360终端安全防护系统(信创版)、360安全卫士团队版、360企业安全浏览器等产品全方位集结而成的360政企终端安全产品体系矩阵正式亮相。

发布会伊始，360政企安全集团高级副总裁姚彤率先指出，终端安全所面临的困局——传统威胁暗流涌动，高级威胁层出不穷。一方面，传统威胁早已不再是技术炫耀，而是意图获利敛财。主要表现在欺诈和勒索，同时更多的利用社会工程学的手段，整个攻击变得越来越隐蔽和精巧。但另一方面，针对终端环境的新型威胁在时刻演化与升级。技术新、危害大、常态化的高级威胁攻击及APT组织攻击才是终端环境更为致命的安全风险。与传统威胁相比，还要面对新的攻击组织、新的攻击思路、新的攻击手段。360终端安全管理系统如图10-3所示。

在这样的网络安全环境下，终端作为构成网络的核心要素，扮演的角色至关重要。尤其伴随新基建、5G网络、人工智能、云计算、大数据等新一代信息技术的大规模建设和应用，大量智能终端将会接入网络，终端生态步入“大安全”时代。尽管经历了几十年的安全对抗，终端在未来网络安全领域仍然是桥头堡，是最前沿的阵地。一旦终端失守，则网无宁日。

然而数据显示一个事实，终端威胁已经刻不容缓：高达80%以上的攻击方法针对的是终端环境，并且在360监测到的40多个APT组织中也可以发现，所有的攻击过程百分之百

图 10-3 360 终端安全管理系统

覆盖终端。

例如，360 终端安全管理系统，为更好地响应传统安全与高级威胁并存的复杂环境，真正实现传统终端安全管理从“合规驱动”走向“能力驱动”，在 360 安全大脑赋能下，360 终端安全管理系统应运而生。360 终端安全管理系统是整合了 360 全新的杀毒引擎、主动防御引擎、全新的高级威胁检测技术，以全面的服务为保障，集防病毒与终端安全管控于一体的新一代终端安全产品。

值得一提的是，360 终端安全管理系统集成了最新的终端安全检测响应模块，也就是 EDR。通过终端检测与响应技术的加持，使得本产品具备强大的高级威胁发现能力。

(3) 大数据下的骚扰电话拦截。

当前，营销电话扰民、恶意电话骚扰等问题日益突出，严重影响人们的正常生活。在 2019 中国网络安全产业发展高峰论坛上，中国移动公布数据称，通过大数据和人工智能的应用，拦截高频骚扰电话 8.1 亿次，呼死你电话 20.1 亿次，短信炸弹 2.5 亿条；截至 2019 年 11 月，中国移动已处置垃圾短信 41 亿条，国际诈骗电话 1.08 亿次，骚扰电话 253 亿次，封堵不良网站 10 万个。

怎样从茫茫的“话海”中准确识别出骚扰电话呢？这就不得不提到大数据技术。据运营商介绍，运营大数据技术可以准确判断、识别和拦截骚扰电话。360 安全产品具有电话拦截和标记的功能，因此在庞大的用户量的情况下，360 就轻而易举地获得了大量疑似骚扰电话的信息。如 2016 年 3 月拦截的疑似骚扰电话的数量为 23 亿个，而在 2016 年的第一季度拦截电话总数为 48 亿，短短的时间内即可获取如此庞大的信息量。骚扰电话的信息每天都在不停地收集，这些数据的收集是很困难也是很宝贵的。而 360 安全产品每天收集的骚扰电话不断完善号码库，同时与不断增加的骚扰电话数量一同增长，避免了号码库中新骚扰电话记录的缺失。这些数据的获取无疑为大数据技术的应用提供了良好的数据分析与深度挖掘的基础。

360 手机卫士使用多种聚类算法、用户标签、身份识别算法等对电话号码的所属用户进行身份识别，如果属于骚扰电话的分类则对其贴上具体的骚扰标签、更新数据库，对于大量数据的存储使用 HDFS 进行分布式存储，提高了数据处理的相应时间，使得用户可以及时获取最新的标记数据。使用大数据中的分布式存储提高数据处理的反应时间，对数据进行预处理，提高算法的工作效率，数据挖掘、可视化分析以及多种身份识别验证的算法对骚扰电话过滤达到较高的精度。360 安全卫士精准地为用户标识来电号码的类别，为避免接到骚扰电话提供了良好的帮助，较好地解决了困扰用户多年的骚扰电话的问题。

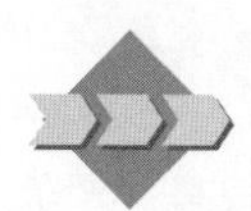

10.2　基于大数据的自然灾害预警

灾害是指人们不能应对突发事件而造成的破坏性和经济损失，包括自然灾害、生物病毒、生产安全和社会安全。自然灾害是指人们不能应对自然运动的快速变化而造成的破坏性和经济损失，包括气象、水文、地震、地质、海洋、生物农业等。防灾减灾是关系着我国民生和发展的大事。建立中国灾害大数据、灾害智慧云，实现多灾种、灾害链的监测、预测、预警、应急救援和灾害管理的高效、低成本综合防灾减灾和安全信息服务具有重要作用。

自然灾害综合监测预警暨 2020 年度风险形势会商会议在北京召开。防范自然灾害风险责任重大、任务艰巨，建立自然灾害监测可视化决策系统将有助于监管部门形成及时监测、信息共享、快速反应的工作机制，提高防灾减灾工作效能。

建立大数据可视化决策系统是提升自然灾害监测预报预警能力的核心。例如，数字冰雹大数据可视化决策系统，可以有效整合灾害监管相关部门现有数据资源，覆盖灾害管理各领域，凭借先进的人机交互方式，实现自然日常监测、灾害监测、灾害事件复现等多种功能，可广泛应用于数据监测、分析研判、展示汇报等场景。

数字冰雹系统的主要功能如下。

(1) 综合态势监测，灾害动态全面掌握。

自然灾害动态非人为可控因素，一旦发生，影响的范围便十分广泛。对复杂灾害要素进行全面监测是综合掌握自然灾害动态，从而对各要素进行全面分析，以便统筹兼顾做出应急联动的关键。

数字冰雹大数据可视化决策系统可对监测责任区、警戒区等重点区域的位置、范围、状态等信息进行综合监测，并通过融合地震、飓风等各类灾害管理部门业务系统、自然观测站、天气雷达等数据资源，对自然灾害防灾减灾、舆情等领域的关键指标进行综合监测分析；同时可对灾害进行预警告警，辅助管理者掌控灾害态势，实现准确预测、及时响应，综合灾害态势一屏掌握。

(2) 自然灾害监测，科学预知灾害风险。

及时获取气象数据，并对气象灾害进行科学预判、及时预警，是进行自然灾害预报预警、自然灾害防范工作的首要前提。

基于数字冰雹实时数据中间件，高效地将各气象监测系统汇集上来的数据进行实时显示，极大提高数据监测效率和数据精确度；并结合专业自然灾害预测模型，设立自然灾害阈值告警规则，对火灾气象、狂风暴雨、台风等恶劣气象情况以及滑坡、泥石流、地震等地质灾害进行科学预判和实时预警告警，辅助用户及时发现自然灾害安全隐患，提高灾害防范和应急响应能力，充分满足用户对自然灾害进行实时数据监测和科学预判预警的需求。

(3) 自然灾害事件复现，辅助回顾总结经验。

对灾害演进过程进行复盘对于灾害处置过程的策略修正具有重要意义。例如，台风发生后，数字冰雹大数据可视化决策系统可通过建立台风登陆发展时间轴，再现台风演进过程，可对台风登陆过程中的时间、节点进行回顾，帮助用户直观、清晰地了解台风发展历程，辅助管理者回顾并总结经验、修正策略，提高自然灾害应急响应与防范能力。

知识巩固与技能训练

一、名词解释

1. 网络信息安全　2. 自然灾害

二、单选题

1. 下列选项中，最容易遭受来自境外的网络攻击的是(　　)。

A. 新闻门户网站　　B. 电子商务网站

C. 掌握科研命脉的机构　　D. 大型专业论坛

2. 习近平总书记曾指出，没有(　　)就没有国家安全，没有信息化就没有现代化。

A. 互联网　　B. 基础网络　　C. 网络安全　　D. 信息安全

3. 大数据的核心就是(　　)。

A. 挖掘　　B. 预测　　C. 匿名化　　D. 规模化

4. 在大数据时代，下列说法正确的是(　　)。

A. 收集数据很简单

B. 数据是最核心的部分

C. 对数据的分析技术和技能是最重要的

D. 数据非常重要，一定要很好地保护起来，防止泄露

5. 在大数据时代，人们需要设立一个不一样的隐私保护模式，这个模式应该更着重于(　　)为其行为承担责任。

A. 数据使用者　　B. 数据提供者　　C. 个人许可　　D. 数据分析者

6. 下列关于网络用户行为的说法中，错误的是(　　)。

A. 网络公司能够捕捉到用户在其网站上的所有行为

B. 用户离散的交互痕迹能够为企业提升服务质量提供参考

C. 数字轨迹用完即自动删除

D. 用户的隐私安全很难得以规范保护

7. 下列关于数据重组的说法中，错误的是(　　)。

A. 数据重组是数据的重新生产和重新采集

B. 数据重组能够使数据焕发新的光芒

C. 数据重组实现的关键在于多源数据融合和数据集成

D. 数据重组有利于实现新颖的数据模式创新

三、判断题

1. 大数据可以分析与挖掘之前人们不知道或者未注意到的模式，可以从海量数据中发现趋势，虽然也有不精准的时候，但并不能因此而否定大数据挖掘的价值。(　　)

2. 大数据预测能够分析和挖掘出人们不知道或没有注意到的模式，确定判断事件必然

会发生。(　　)

3. 大数据的价值重在挖掘,而挖掘就是分析。(　　)

4. 大数据思维是指一种意识,认为公开的数据一旦处理得当就能为千百万人急需解决问题提供答案。(　　)

5. 大数据技术是从各种各样类型的数据中快速获得有价值信息的能力。(　　)

第11章 大数据的未来

导读案例

智能大数据分析成热点

2012年,“大数据”一词开始大热,几年来,已经应用于商业、工业、交通、医疗、社会管理等多方面。如今,已经少有人讲其重要性,更多是应用、技术以及最底层的算法。

有专家曾经对未来大数据的发展做过预测,共有10个方面。第一就是结合智能计算的大数据分析成为热点,包括大数据与神经计算、深度学习、语义计算以及人工智能等其他相关技术结合。第二是数据科学将带动多学科融合,但是数据科学作为新兴的学科,其学科基础问题体系尚不明朗,数据科学自身的发展尚未成体系。第三是跨学科领域交叉的数据融合分析与应用将成为今后大数据分析应用发展的重大趋势。大数据技术发展的目标是应用落地,因此大数据研究不能仅仅局限于计算技术本身。

大数据将与物联网、移动互联、云计算、社会计算等热点技术领域相互交叉融合,产生很多综合性应用。近年来计算机和信息技术发展的趋势是前端更前伸,后端更强大。物联网与移动计算加强了与物理世界和人的融合,大数据和云计算加强了后端的数据存储管理和计算能力。今后,这几个热点技术领域将相互交叉融合,产生很多综合性应用。

此外,10大趋势还包括:大数据多样化处理模式与软硬件基础设施逐步夯实;大数据的安全和隐私问题持续令人担忧;新的计算模式将取得突破;各种可视化技术和工具提升大数据分析;大数据技术课程体系建设和人才培养是需要高度关注的问题;开源系统将成为大数据领域的主流技术和系统选择。

对于大数据研究的难点,很多人把数据公开列在第一位。对于政府部门,其难点在于公开的尺度,另外是否有能力把数据用好。而指望商业公司拿出数据则不现实,因为这些数据的获得是商业公司的投入。

另外,大数据人才也是一个重要问题。现在的问题是,既对行业熟悉又能融合创新的人才稀少。现在要让企业和研究者明白一点,数据不是在谁手中谁就有优势,而是要大家一起研究,融合跨界研究,数据才会产生财富。

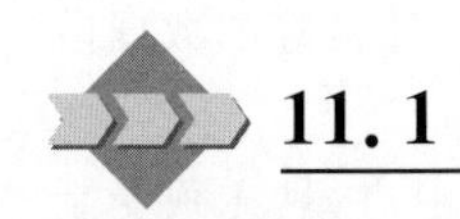

11.1　数据市场的兴起

“大数据”作为一种概念和思潮由计算领域发端，之后逐渐延伸到科学和商业领域。大多数学者认为，“大数据”这一概念最早公开出现于1998年。美国高性能计算公司SGI的首席科学家约翰·马西(John Mashey)在一个国际会议报告中指出：随着数据量的快速增长，必将出现数据难理解、难获取、难处理和难组织4个难题，并用Big Data(大数据)来描述这一挑战，在计算领域引发思考。2007年，数据库领域的先驱人物吉姆·格雷(Jim Gray)指出，大数据将成为人类触摸、理解和逼近现实复杂系统的有效途径，并认为在实验观测、理论推导和计算仿真3种科学研究范式后，将迎来第四范式——数据探索。后来同行学者将其总结为“数据密集型科学发现”，开启了从科研视角审视大数据的热潮。2012年，牛津大学教授维克托·迈尔-舍恩伯格(Viktor Mayer-Schnberger)在其畅销著作《大数据时代：生活、工作与思维的大变革》(*Big Data：A Revolution That Will Transform How We Live，Work，and Think*)中指出，数据分析将从“随机采样”“精确求解”和“强调因果”的传统模式演变为大数据时代的“全体数据”“近似求解”和“只看关联不问因果”的新模式，从而引发商业应用领域对大数据方法的广泛思考与探讨。

大数据的价值本质上体现为提供了一种人类认识复杂系统的新思维和新手段。就理论上而言，在足够小的时间和空间尺度上，对现实世界数字化，可以构造一个现实世界的数字虚拟映像，这个映像承载了现实世界的运行规律。在拥有充足的计算能力和高效的数据分析方法的前提下，对这个数字虚拟映像的深度分析，将有可能理解和发现现实复杂系统的运行行为、状态和规律。应该说大数据为人类提供了全新的思维方式和探知客观规律、改造自然和社会的新手段，这也是大数据引发经济社会变革最根本性的原因。

先了解一下数据仓库的概念。数据仓库(Data Warehouse)是一个面向主题的(Subject Oriented)、集成的(Integrate)、相对稳定的(Non-Volatile)、反映历史变化(Time Variant)的数据集合，用于支持管理决策。对于数据仓库的概念可以从两个层次予以理解。首先，数据仓库用于支持决策，面向分析型数据处理，它不同于企业现有的操作型数据库；其次，数据仓库是对多个异构的数据源有效集成，集成后按照主题进行了重组，并包含历史数据，而且存放在数据仓库中的数据一般不再修改。

了解了数据仓库后，数据市场的概念就很好理解了。数据市场(Data Marketplace)也称为数据集市(Data Mart)，就是满足特定的部门或者用户的需求，按照多维的方式进行存储，包括定义维度、需要计算的指标、维度的层次等，生成面向决策分析需求的数据立方体。

从范围上来说，数据是从企业范围的数据库、数据仓库，或者是更加专业的数据仓库中抽取出来的。数据中心的重点就在于它迎合了专业用户群体的特殊需求，体现在分析、内容、表现，以及易用方面。数据中心的用户希望数据是由他们熟悉的术语表现的。

数据市场是企业级数据仓库的一个子集，它主要面向部门级业务，并且只面向某个特定的主题。为了解决灵活性和性能之间的矛盾，数据市场就是数据仓库体系结构中增加的一种小型的部门或工作组级别的数据仓库。数据市场存储为特定用户预先计算好的数据，从而满足用户对性能的需求。数据市场可以在一定程度上缓解访问数据仓库的瓶颈。

数据市场将合并不同系统的数据源来满足业务信息需求。若能有效地得以实现，数据市场将可以快速且方便地访问简单信息以及系统的和历史的视图。一个设计良好的数据市场有如下特点。

(1) 特定用户群体所需的信息,通常是一个部门或者一个特定组织的用户,且无须受制于源系统的大量需求和操作性危机。

(2) 支持访问非易变的业务信息。非易变的信息是以预定的时间间隔进行更新的,并且不受联机事务处理过程(OLTP)系统进行中的更新的影响。

(3) 调和来自组织里多个运行系统的信息,比如账目、销售、库存和客户管理以及组织外部的行业数据。

(4) 通过默认有效值、使各系统的值保持一致以及添加描述以使隐含代码有意义,从而提供净化的数据。

(5) 为即席分析和预定义报表提供合理的查询响应时间。

从以上特点可以得出,数据市场的基本功能包括收费、认证、数据格式管理、服务管理等,在所涉猎的数据对象、数据丰富程度、收费模式、数据模型、查询语言、数据工具等方面则各有不同。

在国家、地方政府等公职机关不断努力强化开放数据的同时,民间组织为了促进数据的顺利流通,也设立了数据市场。数据市场将人口统计、环境、金融、零售、天气、体育等数据集中到一起,使其能实现交易的机制。

目前在美国,除了 Infochimps、Factual 等创业型企业运营的数据市场之外,还有微软的 Windows Azure Marketplace、亚马逊的 Public Data Sets on AWS 等由大型厂商所运营的市场。

11.1.1 Infochimps

美国最有名的数据市场当属 Infochimps。它是一家位于得克萨斯州奥斯丁的创业公司,2012 年 2 月从数据市场转型为大数据平台提供商。该公司堪称数据行业的 Amazon.com,其业务就是在 Web 上销售各种数据。Infochimps 尤其擅长提供 SNS 方面的数据集。例如,在表示推特用户信用度的 Trst RANK 中,并不仅仅是通过关注者(粉丝)的数量来评分的,而是采用了进一步计算每个用户拥有多少关注者,从而决定评分的手法。除此之外,Infochimps 还提供了各种各样丰富的 Twitter 统计数据,如各用户个人资料页面的背景色统计数据、按关注者数量对用户数进行分类统计的数据等。

Infochimps 还提供了其他多种数据。小到以好玩为目的的数据,如填字游戏中出现的 10 万多个单词的清单;大到能够运用在业务中的数据,如欧盟 2283 个 WLAN 热点、世界各国 IP 地址与地理数据(邮政编码、州、市、地区编码、维度、经度等)相结合而成的列表等,非常值得一看。Infochimps 上也提供美国联邦政府的 Data.gov 和英国政府的 Data.gov.uk 中的数据,总计已公开的数据超过了 15 000 组。从全面性的角度来看,Infochimps 可以说是绝对的冠军。

Infochimps 所公开的数据大部分都是免费的,即便是收费的数据,只要 API 调用次数在每月 10 万次以内、每小时 2000 次以内,就可以免费使用。超过这一配额时,需要根据 API 调用次数每月支付费用(如 50 万次 20 美元,200 万次 250 美元等)。

11.1.2 Factual

Factual 成立于 2008 年，是一个提供实时数据交易市场的网站平台。Factual 致力于开发世界上最大的位置相关数据集。创始人埃尔巴兹希望通过创造这种数据中心来催生能够随用户所在位置而做出反响的新一代应用。埃尔巴兹表示："通过位置，你就可以了解人们的生活模式，判断他们喜欢的东西，他们在那里，他们在做什么，等等。"

Factual 所提供的数据主要是世界各国的位置信息，如中国的某省某市某商店的地址等。除此之外，还提供了其他一些种类丰富的数据，如"星巴克含 2% 牛奶的大杯饮料的营养成分数据"，以及迈克尔·杰克逊（Michael Jackson）、帕丽斯·希尔顿（Paris Hilton）、约翰尼·德普（Johnny Depp）等名人的身高、体重等娱乐圈数据。

Factual 不仅向大公司提供数据，同时也面向规模较小的软件开发商，每一条信息都有 17～40 条的相关描述，用户可以把该公司提供的数据与已有的其他任何地理位置数据进行相互参照，创建出新的应用程序。

目前，Factual 拥有的数据覆盖 7500 万个位置，涵盖 50 个国家的商户、公园和其他的景点。包括 Facebook、CitySearch、AT&T 在内的一些大公司都会使用 Factual 来获取相关信息。

其数据集的来源主要是网络爬取或者是网络社区的赠予。目前，公开的数据集约有 50 万组，可以通过 REST API 或者直接下载的方式来使用。以 API 调用的方式来使用基本是免费的，但在 SLA（服务品质协议）以及对性能有一定要求的情况下，需要根据用量来收费。

11.1.3 Windows Azure Marketplace

Windows Azure Marketplace 数据市场最早在 PDC 09 期间推出，当时的 Microsoft 项目代码是 Dallas。Windows Azure Marketplace 数据市场由微软基于自家云计算服务 Windows Azure 和 SQL Azure Database 所提供。Windows Azure 的界面如图 11-1 所示。

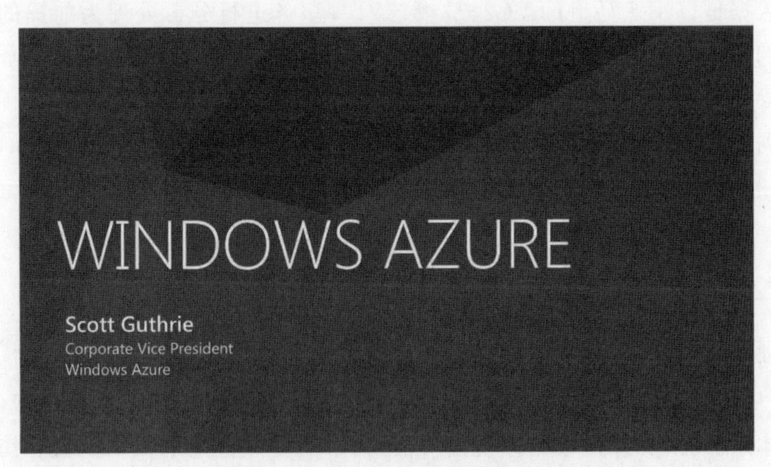

图 11-1 Windows Azure 的界面

Windows Azure Marketplace 改变了信息的交换方式，因为它可以在一个市场中为用户提供范围广泛的内容，这些内容由权威的商用和公共信息来源发布，让人们能够更方便地查找和购买所需的数据，增强人们应用程序和分析能力。

微软召集了一些提供数据集的发布者(Publisher)，但微软只是提供了一个数据交易的平台，而并不像 Factual 一样自己收集数据集。Windows Azure Marketplace 服务的特点是，除了民间组织在这个平台上发布数据之外，Data.gov、联合国等公职机关也在上面发布数据。截至 2012 年 5 月，已公开的数据达到 120 种，其中包括“全球的气象数据(历史记录)”“按邮政编码统计的美国环境危险度级别”“欧洲温室气体排放量”“全球企业信息”“美国职棒大联盟(棒球)的球队和选手成绩(包括从过去一直到今天的比赛)”等。

数据是通过 OData 这个基于 Web 提供数据共享、操作的协议来统一提供的。微软的 Excel、Visual Studio、SharePoint、PowerPivot 等产品都支持 OData，因此可以将数据下载到 Visual Studio，然后用 C# 来开发应用程序。对于数据查询提供了两种模式：第一种为 Flexible 查询，允许用户添加可选的名值对参数来查询数据，如(columnName=foo)等；第二种为 Fixed 查询，用户只能通过内容提供商所预定义的操作来进行数据查询。

Windows Azure Marketplace 的数据分为免费和收费两种。收费数据是按月收费的，其中有些数据会限制 Web API 的调用次数，也有些数据没有这个限制(即可以随意使用)。API 调用次数是以事务(Transaction)为单位来进行设置的，根据事务数量的不同，费用也会发生变化。

11.1.4 Public Data Sets on AWS

Public Data Sets on AWS 是作为亚马逊云计算服务的一部分提供的一个公有数据集仓库。该服务提供包括 Ensenbl 计划的人类基因组数据、美国国情调查数据、美国国立生物技术信息中心(National Center of Biotechnology Information，NCBI)的 UniGene(遗传基因与数十万个表达序列标签(EST)所构成的转录组数据库)等。从公开的数据来看，并非用于商业服务，而更像是面向科学家和研究者的数据库。

公开的数据是以用亚马逊的 EC2、S3 等云计算服务进行分析处理为前提的。数据本身是免费提供的，用户只要按照所使用的服务器和存储服务用量来付费即可。也就是说，需要支付的只是云计算服务的使用费而已。

利用数据存放在云端这一点，就可以很容易地与其他用户进行协作。例如，在进行数据分析时，可以利用事先构筑的服务器镜像。

11.2 将原创数据变成增值数据

在大数据时代，数据的价值将得到全面体现，数据价值化也是大数据技术体系的重要目的之一，所以从这个角度来看，在大数据时代，数据本身就是一个重要的价值载体。

从技术体系来看，要想让数据体现出价值，通常需要经过 3 个大的阶段：其一是数据采集阶段；其二是数据分析阶段；其三是数据应用阶段。虽然最终的数据应用是体现数据价值的出口，但是数据采集往往是整个数据价值化过程的起点，数据采集对于数据的价值密度也有非常直接的影响，所以当前在大数据领域当中，也有一部分企业会专注于数据采集工作，如大比特商务网，如图 11-2 所示。

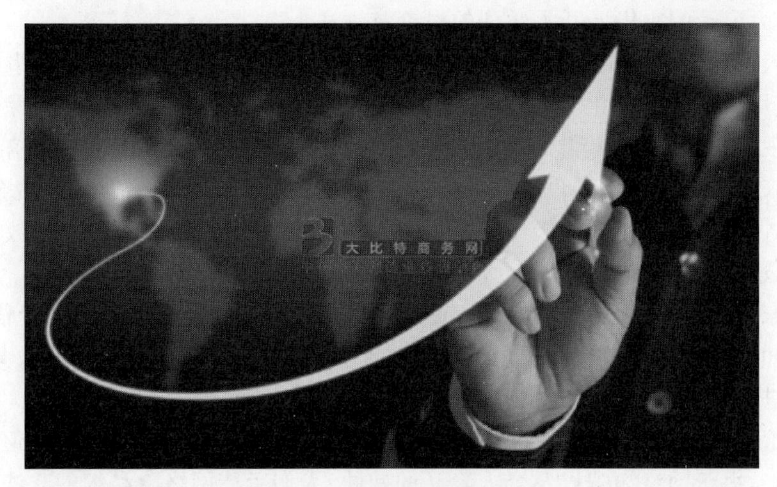

图 11-2　“大比特商务网”截图

无论是与其他公司结成联盟，还是利用数据聚合商，如果公司拥有原创数据，接下来就可以通过与其他公司的数据进行整合，来催生出新的附加价值，从而升华成为增值数据(Premium Data)。这样能够产生相乘的放大效果，这也是大数据运用的真正价值之一。

在产业互联网时代，数据分析要全面垂直到行业领域，行业领域的数据分析不仅需要有数据分析技术，同时还需要有行业背景知识，行业背景知识往往能够决定数据分析的走向，所以对于数据分析的从业者来说，深耕行业领域还是非常重要的，这是提升自身岗位价值的重要方式。

数据应用是体现数据价值的重要出口，可以说数据应用价值在很大程度上决定了数据价值。从技术体系结构来看，数据的应用出口有两大类：一类是人；另一类是智能体。对于行业领域的数据应用出口，当前重点还是人力岗位，这个过程往往就是一个通过数据完成价值化连接的过程，这个过程的价值增量还是比较明显的。

大数据应用的另一个出口则是智能体，而随着人工智能技术的不断发展，未来智能体将成为数据价值体现的主要出口，而这个过程也会全面体现出大数据自身的价值。像如果把智能体看成是一个厨师的话，那么大数据就是各种食材，食材对于厨师的重要性与数据对于智能体的重要性有一定的相似性。简单地说，数据是智能的重要基础之一。从这个角度来看，在智能化时代，数据的价值会形成一个稳定的基础，数据也可以看成是一种新型的“能源”，这个能源的价值就在于能够驱动各种智能体。

对于拥有原创数据的企业和数据聚合商来说，不应该将目光局限在自己的行业中，而应该以更加开阔的视野来制定数据运用的战略。

11.3　消费者的隐私保护

大数据时代的到来让人们的生活变得方便快捷、多姿多彩，网络购物、旅游攻略、美食烹饪等，只需要一部智能手机就可以足不出户轻松搞定。但在业务中对大数据进行运用，就不可避免地会遇到隐私问题。对Web上的用户个人信息、行为记录等进行收集，在未经用户许可的情况下将数据转让给广告商等第三方，这样的经营者现在真不少见，因此各国都围绕着 Web 上行为记录的收集展开了激烈的讨论与立法。

涉及个人信息及个人相关信息的经营者，需要在确定使用目的的基础上事先征得用户同意，并在使用目的发生变化时，以易懂的形式进行告知，这种对透明度的确保今后应该会愈发受到重视。例如，全球零售巨鳄沃尔玛自 2004 年始，通过分析自有交易信息确定最佳的营销方案来提升销量。沃尔玛的数据库不仅包括每位客户的购物清单、消费金额、结算时间与结算方式，甚至连购买日的天气状况也被一一记录在案。沃尔玛利用大数据分析客户的购买习惯，迎合、诱导客户需求，譬如将相关性商品摆放在一起来提升销量。虽然客户的大数据为商家的销售提供了有利条件，但是在此种情况下，企业收集公民消费信息时，理应做出明确告知，包括收集方法、涉及内容等。如果消费者明确拒绝，应当停止收集，更不能通过这些信息进行推销，否则应当受到处罚。

大数据给人类带来巨大的好处，每个人拥有相应的一个巨大的用户数据，但是同时人们也产生了担心，由于网络诈骗以及个人隐私的威胁，人们亟待网络隐私权的立法来打破这样的危险。根据相关方面统计，早在 2011 年，全球网络犯罪在个人隐私方面造成的损失，就能够达到全球经济总量的 0.008%～0.02%。“大数据时代，人们的个人隐私信息不仅正在成为他人谋利的工具，也将人们自身置于透明和不安全状态之中。”大数据时代的个人隐私保护，前所未有的紧迫和重要，并引起了很多人的不安和重视。大数据技术的应用与发展，造成旧有的隐私冲突不断加剧，新型隐私冲突也逐步凸现，而在此过程中，隐私权的自身性质与语义范围也随之发生变化，个人隐私保护是一个亟须解决的问题。

2010 年 12 月，美国商务部发表了一份题为“互联网经济中的商业数据隐私与创新：动态政策框架”的长达 88 页的报告。这份报告指出，为了对线上个人信息的收集进行规范，需要出台一部“隐私权法案”，在隐私问题上对国内外的相关利益方进行协调。受这份报告的影响，2012 年 2 月 23 日，美国《消费者隐私权法案》正式颁布。这项法案中，对消费者的权利进行了如下具体规定。

(1) 个人控制。对于企业可收集哪些个人数据，并如何使用这些数据，消费者拥有控制权。对于消费者和他人共享的个人数据，以及企业如何收集、使用、披露这些个人数据，企业必须向消费者提供适当的控制手段。为了能够让消费者做出选择，企业需要提供一个可反映企业收集、使用、披露个人数据的规模、范围、敏感性，并可由消费者进行访问且易于使用的机制。

例如，通过收集搜索引擎的使用记录、广告的浏览记录、社交网络的使用记录等数据，就有可能生成包含个人敏感信息的档案。因此，企业需要提供一种简单且醒目的形式，使得消费者能够对个人数据的使用和公开范围进行精细的控制。

此外，企业还必须提供同样的手段，使得消费者能够撤销曾经承诺的许可，或者对承诺的范围进行限定。

(2) 透明度。对于隐私权及安全机制的相关信息，消费者拥有知情、访问的权利。前者的价值在于加深消费者对隐私风险的认识并让风险变得可控。为此，对于所收集的个人数据及其必要性、使用目的、预计删除日期、是否与第三方共享以及共享的目的，企业必须向消费者进行明确的说明。

此外，企业还必须以在消费者实际使用的终端上容易阅读的形式提供关于隐私政策的告知。特别是在移动终端上，由于屏幕尺寸较小，要全文阅读隐私政策几乎是不可能的。因此，必须要考虑到移动终端的特点，采取改变显示尺寸、重点提示移动平台特有的隐私风险等方式，对最重要的信息予以显示。

（3）尊重背景。消费者有权期望企业按照与自己提供数据时的背景相符的形式对个人信息进行收集、使用和披露。要求企业在收集个人数据时必须有特定的目的，企业对个人数据的使用必须仅限于该特定目的的范畴，即基于FIPP（公平信息行为原则）的声明。

从基本原则上说，企业在使用个人数据时，应当仅限于与消费者披露个人数据时的背景相符的目的。另外，也应该考虑到，在某些情况下，对个人数据的使用和披露可能与当初收集数据时所设想的目的不同，而这可能成为为消费者带来恩惠的创新之源。在这样的情况下，必须用比最开始收集数据时更加透明、醒目的方式来将新的目的告知消费者，并由消费者来选择是允许还是拒绝。

（4）安全。消费者有权要求个人数据得到安全保障且负责任地被使用。企业必须对个人数据相关的隐私及安全风险进行评估，并对数据遗失、非法访问和使用、损坏、篡改、不合适的披露等风险维持可控、合理的防御手段。

（5）访问与准确性。当出于数据敏感性的因素，或者当数据的不准确可能对消费者带来不良影响的风险时，消费者有权以适当的方式对数据进行访问，以及提出修正、删除、限制使用等要求。企业在确定消费者对数据的访问、修正、删除等手段时，需要考虑所收集的个人数据的规模、范围、敏感性，以及对消费者造成经济上、物理上损害的可能性等。

（6）限定范围收集。对于企业所收集和持有的个人数据，消费者有权设置合理限制。企业必须遵循第三条"尊重背景"的原则，在目的明确的前提下对必需的个人数据进行收集。此外，除非需要履行法律义务，否则当不再需要时，必须对个人数据进行安全销毁，或者对这些数据进行身份不可识别处理。

（7）说明责任。消费者有权将个人数据交给为遵守《消费者隐私权法案》具备适当保障措施的企业。企业必须保证员工遵守这些原则，为此，必须根据上述原则对涉及个人数据的员工进行培训，并定期评估执行情况。在有必要的情况下，还必须进行审计。

在上述7条规定中，对于准备运用大数据的经营者来说，第三条"尊重背景"是尤为重要的一条。例如，如果将在线广告商以更个性化的广告投放为目的收集的个人数据用于招聘、信用调查、保险资格审查等，就会产生问题。

知识巩固与技能训练

一、名词解释

1. 数据仓库　2. 数据市场

二、单选题

1. 下列关于数据交易市场的说法中，错误的是（　　）。

   A. 数据交易市场是大数据产业发展到一定程度的产物

   B. 商业化的数据交易活动催生了多方参与的第三方数据交易市场

   C. 数据交易市场通过生产数据、研发和分析数据，为数据交易提供帮助

   D. 数据交易市场是大数据资源化的必然产物

2. 下列关于大数据的价值密度的描述，正确的是（　　）。

A. 大数据由于其数据量大，因此其价值密度低

B. 大数据的价值密度是指数据更新速度快

C. 大数据的价值密度是指其数据类型多且复杂

D. 大数据由于其数据量大，因此其价值密度高

3. 面向用户提供大数据一站式部署方案，包括数据中心和服务器等硬件、数据分析应用软件及技术运维支持等多方面内容的大数据商业模式是（　　）。

A. 大数据解决方案模式　　B. 大数据信息分类模式

C. 大数据处理服务模式　　D. 大数据资源提供模式

4. 大数据环境下的隐私担忧主要表现为（　　）。

A. 个人信息的被识别与暴露　　B. 用户画像的生成

C. 恶意广告的推送　　D. 病毒入侵

5. 大数据的发展，使信息技术变革的重点从关注技术转向关注（　　）

A. 信息　　B. 数字　　C. 文字　　D. 方位

三、判断题

1. 当前，企业提供的大数据解决方案大多基于 Hadoop 开源项目。（　　）

2. 人们关心大数据，最终是关心大数据的应用，关心如何从业务和应用出发让大数据真正实现其所蕴含的价值，从而为人们生产生活带来有益的改变。（　　）

3. 大数据的核心思想就是用规模剧增来改变现状。（　　）

4. 即使数据用于基本用途的价值会减少，但潜在价值却依然强大。（　　）

5. 利用数据融合、数学模型、仿真技术等，可以逼近事物的本质，可以揭示出原来没有想到或难以展现的关联，大大提升政府决策的科学性。（　　）

参 考 文 献

[1] 周苏,王文.大数据导论[M].北京:清华大学出版社,2016.
[2] 霍雨佳,周若平,钱晖中.大数据科学[M].成都:电子科技大学出版社,2017.
[3] 孟宪伟,许桂秋.大数据导论[M].北京:人民邮电出版社,2019.
[4] 林子雨.大数据导论[M].北京:人民邮电出版社,2020.
[5] 安俊秀,靳宇倡,等.大数据导论[M].北京:人民邮电出版社,2020.
[6] 何玉洁.数据库系统教程[M].2版.北京:人民邮电出版社,2015.
[7] 王宏志.大数据分析原理与实现[M].北京:机械工业出版社,2017.
[8] 周苏.创新思维与科技创新[M].北京:机械工业出版社,2016.
[9] 武志学.大数据导论思维、技术与应用[M].北京:人民邮电出版社,2019.
[10] 黑马程序员.Hadoop大数据技术原理与应用[M].北京:清华大学出版社,2019.
[11] 林子雨.大数据技术原理与应用[M].北京:人民邮电出版社,2017.
[12] 黑马程序员.大数据项目实践[M].北京:清华大学出版社,2020.
[13] 黑马程序员.NoSQL大数据技术与应用[M].北京:清华大学出版社,2020.
[14] 黑马程序员.数据清洗[M].北京:清华大学出版社,2020.
[15] SIMON P.大数据应用:商业案例实践[M].漆晨曦,张淑芳,译.北京:人民邮电出版社,2014.
[16] 朱洁,罗华林.大数据架构解析[M].北京:电子工业出版社,2016.
[17] 杨歆.大数据时代数据存储技术的发展研究[J].信息与电脑,2015(15):62-63.
[18] 樊祥胜.大数据在应对突发性公共危机中的应用与展望[J].专题策划,2020(12):4-9.
[19] 陈小军.大数据视域的政务综合业务云服务平台应用研究[J].中国信息化,2020(11):87-88.
[20] 刘斌.基于大数据的网络舆情分析方法研究[J].电脑知识与技术,2020,16(30):25-27.
[21] 黄贤英,卢玲,刘超.大数据分析方向案例库建设及案例设计探索[J].福建电脑,2020,36(12):100-101.

图书资源支持

感谢您一直以来对清华版图书的支持和爱护。为了配合本书的使用，本书提供配套的资源，有需求的读者请扫描下方的“书圈”微信公众号二维码，在图书专区下载，也可以拨打电话或发送电子邮件咨询。

如果您在使用本书的过程中遇到了什么问题，或者有相关图书出版计划，也请您发邮件告诉我们，以便我们更好地为您服务。

我们的联系方式：

地　　址：北京市海淀区双清路学研大厦 A 座 714

邮　　编：100084

电　　话：010-83470236　010-83470237

客服邮箱：2301891038@qq.com

QQ：2301891038（请写明您的单位和姓名）

资源下载：关注公众号“书圈”下载配套资源。

资源下载、样书申请

书圈

获取最新书目

观看课程直播